ASP.NET Core
微服务实战

在云环境中开发、测试和部署跨平台服务

[美] 凯文·霍夫曼(Kevin Hoffman)　著

陈计节　译

U0378180

清华大学出版社

北　京

Kevin Hoffman

Building Microservices with ASP.NET Core: Develop, Test and Deploy Cross-Platform Services in the Cloud

EISBN: 978-1-491-96173-5

北京市版权局著作权合同登记号 图字：01-2018-8446

本书封面贴有清华大学出版社防伪标签，无标签者不得销售。

版权所有，侵权必究。举报：010-62782989，beiqinquan@tup.tsinghua.edu.cn。

图书在版编目 (CIP) 数据

　　ASP.NET Core 微服务实战：在云环境中开发、测试和部署跨平台服务 / (美) 凯文·霍夫曼 (Kevin Hoffman) 著；陈计节 译 . —北京：清华大学出版社，2019.11（2023.3 重印）

　　书名原文：Building Microservices with ASP.NET Core: Develop, Test and Deploy Cross-Platform Services in the Cloud

　　ISBN 978-7-302-54019-9

　　Ⅰ . ① A… 　Ⅱ . ①凯… ②陈… 　Ⅲ . ①网页制作工具—程序设计 　Ⅳ . ① TP393.092.2

　　中国版本图书馆 CIP 数据核字 (2019) 第 237199 号

责任编辑：王　军　韩宏志
封面设计：Karen Montgomery　马冬燕
版式设计：思创景点
责任校对：成凤进
责任印制：沈　露

出版发行：清华大学出版社
　　　　　网　　址：http://www.tup.com.cn, http://www.wqbook.com
　　　　　地　　址：北京清华大学学研大厦A座　　　　邮　　编：100084
　　　　　社 总 机：010-83470000　　　　　　　　　邮　　购：010-62786544
　　　　　投稿与读者服务：010-62776969, c-service@tup.tsinghua.edu.cn
　　　　　质 量 反 馈：010-62772015, zhiliang@tup.tsinghua.edu.cn
印 装 者：涿州市般润文化传播有限公司
经　　销：全国新华书店
开　　本：178mm×233mm　　印　　张：13　　字　　数：292千字
版　　次：2019年12月第1版　　印　　次：2023年3月第4次印刷
定　　价：59.00元

产品编号：081798-01

译者序

"微服务"这一概念在2014年正式提出后，越来越多的团队开始用它设计自己的业务系统，各种微服务框架和开发过程管理方法随之兴起、不断成熟。微服务设计方法清晰定义了各个开发团队的业务边界，微服务框架以不同方式实现了服务之间的协作与集成。根据康威定律推导可知，这样一种产品开发方法必然会映射到人员协作方式上去。还有同步兴起的DevOps运动，它及时地恰当补齐了微服务开发过程中的技术方法，让微服务生态如虎添翼。

经过几年的积累，人们开始意识到，微服务从概念到实现，最后推广到组织，整个过程存在许多挑战：服务之间的依赖管理、大量服务实例的运维、单个服务的独立部署，以及承担不同角色的微服务在同一个生态系统中的身份验证等，都开始成为微服务团队需要直接面对的挑战。同时，各类微服务框架也层出不穷，让开始接触微服务的开发人员眼花缭乱，既难区分它们的优劣、做出合适的选型，也难找到高效的学习路径。

在.NET技术领域，微服务的挑战比起很多其他技术栈有过之而无不及。.NET技术在企业应用开发领域有着长久的运用，因此有大量的存量应用需要面向服务化改造。而.NET Core 技术作为新一代.NET技术方向，无论是生态自身的完整性，还是基于它的微服务框架体系，都处于持续的完善之中。最后，在传统的企业应用开发领域，并没有普遍采用持续交付等实践，当时所开发的应用也难以满足云原生应用所要求的诸多特性，因此改造过程难度较大。

所幸.NET Core作为全新的.NET技术，它不仅完全开源、跨平台，更面向云原生开发进行了大量细致的优化。它完全模块化，不依赖特定操作系统，其文件系统、网络和配置等基础功能模块对跨平台、命令行等现代化轻量级开发所要求的特性提供了卓越的支持。正是由于.NET Core作为基础开发平台天然适合云原生开发，因此基于ASP.NET Core开发微服务也天然具有这些优势。

本书"麻雀虽小，五脏俱全"，首先介绍.NET Core 开发环境的安装，接着详细介绍持续交付、API 优先和测试驱动等重要开发方法和思想。本书探讨人们对微服务的各种理解，从各个方面对微服务进行全方位阐释，引导读者直观地进行体验；同时，本书主张将微服务和云原生实践结合运用，书中通过解析十二因子应用的各项特性，并分析它们在本书示例项目中的体现，让读者对微服务和云原生的结合更为体系化。在本书的讲解过程中，每当遇到可能存在不同做法的场景，作者总是详细论述各项考虑因素、仔细比较各种可能的做法，引发读者思考。本书还大量探讨传统应用开发中的典型做法，以及在微服务和云原生开发时应该采纳的新方法，解析其中缘由，为存量应用的改造提供直接指导。

本书中文版的引进必将为.NET技术领域的微服务实践和云原生技术的普及做出重要贡献。在此，译者特此感谢清华大学出版社的大力支持，感谢张善友老师为本书译文提出的宝贵建议，感谢曾一起共事的翻译小组WorkSharp的同事们(特别是刘夏先生)的指导，感谢社区中关注本书的各位热心人士的激励和帮助。最后，最需要致以真诚感谢的，是时常关心我的翻译工作、提醒我及时休息的父母；以及忍受我用几个月的业余时间来翻译并为我提供建议的爱人张圣奇。是你们无限的耐心和持续的支持才让本书的翻译工作得以顺利完成。

译者简介

陈计节，红帽开放创新实验室高级咨询顾问，前ThoughtWorks高级咨询顾问。主要关注敏捷方法和DevOps实践的团队赋能，帮助企业构建数字化转型的中坚力量。同时，他还是一名全栈工程师和.NET社区布道者，也是一名开源参与者和贡献者。曾参与翻译《.NET性能优化》一书，发表过各类技术文章。

译者说明

在本书英文原版写作时，.NET Core还处于早期的1.1版本，而现在中文版翻译期间，.NET Core的最新版已经是2.2版了。为让读者在基于最新版.NET Core练习本书中的示例项目时更为顺畅，译者对书中所涉及的示例代码进行了升级。在升级过程中，部分代码需要经过改写才能与新版本的运行时或依赖模块配合工作。读者在使用书中的代码时，请自行将书中所涉及的GitHub仓库地址由https://github.com/microservices-aspnetcore 替换为https://github.com/microservices-aspnetcore-zh，在使用Docker镜像的方式运行示例项目时，将书中的Docker镜像由dotnetcoreservices前缀替换为dotnetcoreserviceszh。

限于译者水平等各方面原因，本书在翻译时难免留下一些纰漏与错误，如承蒙读者指正，译者将备感荣幸，其他读者也将一起获益。

推 荐 序

几乎所有的当代软件工程都专注于缩短产品的上市时间。微服务是一种以服务为导向的演进式体系结构模式，它优雅地消除了组织摩擦，让团队和工程师们拥有在不断交付、迭代和改进过程中所需的自主权。可以预见，云原生时代的应用都将以微服务形式出现。

关于微服务，有不少书籍堪称经典。但结合最新Web框架ASP.NET Core来讲解微服务的书籍却不多。本书较完整地介绍使用ASP.NET Core进行微服务开发时的思路、步骤和工具，是一本不可多得的必读手册。本书由于成书较早，其示例代码所基于的.NET Core版本现在略显陈旧，译者的努力一定程度上弥补了这一问题。最重要的是，书中用大量篇幅讲述的关于开发功能强大且具有高可伸缩性和韧性的微服务的思想是不会过时的。另外，本书还关注使用ASP.NET Core实现云原生模式，以及要让应用成为云原生生态中的"好公民"需要关注的方方面面。这些在具体技术框架之外的经验与思考，更是弥足珍贵。

微服务开发并非只是将代码物理分离，开发过程中还要面对与微服务开发模式一同到来的服务集成、团队协作等一系列新挑战。相对于单体应用，开发人员之所以选择微服务，一个很重要的原因就是想获得一种能将服务独立地、快速地部署上线的能力。本书讲解了ASP.NET Core是如何通过与容器技术的无缝兼容轻松提供这一能力的。微服务的职责单一，这意味着服务之间需要相互调用才能完成多个任务，或者各方合力才能完成较大的任务。服务间的依赖和集成也是一项不可忽视的基本议题。基于事件集成，以及借助服务发现机制为相互依赖的服务提供灵活调度是两种常见的服务集成方法，本书对这两种方法都进行了完整介绍。由于各个后端服务未必直接面对用户，因此微服务系统中的安全认证也与直接面对用户的系统有所不同；本书深入讲解了几种常见的安全机制，供开发者根据实际情况选用。

与本书基于ASP.NET Core开发微服务的主题相呼应，ASP.NET Core本身就是一系列小的模块化组件，可添加到现有应用中。同时，由于ASP.NET Core提供的自宿主Web服务器对REST风格接口的支持非常友好，自身量级足够轻并且性能强劲，因此ASP.NET Core自然适合作为微服务开发的基础框架。有了优秀的框架，接下来我们要考虑的是，如何避免再次陷入用一项新技术继续开发"新版本的遗留单体应用"。本书通过实际项目的深入演练，以及同步的理论讲解，让读者在面对微服务生态构建过程中的各种场景时，能做好充分准备。

不过我个人认为，这本书还是缺少一部分关于微服务生态系统内部编排的内容。容器是微服务部署的最佳方式，容器作为现代化基础设施上一种更细粒度的抽象，能有效降低占用空间、缩短启动时间，同时由于它提供了一种新的组件重用性级别，所以能轻松地集成到整个开发生态系统(例如持续集成和交付生命周期)、微服务治理生态(包括部署、复制、扩展、复活、重新调度、升级、降级等)、资源管理(内存、CPU、存储空间、端口、IP、镜像等)和服务管理(即使用标签、分组、命名空间、负载均衡和准备就绪检查将多个容器编排在一起)等各个方面。

一直以来，在我运营的"dotNET跨平台"公众号和各种线下场合，我与很多朋友探讨和分享过微服务开发相关的经验。曾有很多朋友关心，有没有微服务相关的入门材料。这本书借助实际项目，系统地梳理了微服务开发的脉络，给初学者提供了行之有效的学习素材。所以本书的引进是一件值得高兴的事。

"dotNET跨平台"公众号主办人，微软 MVP，腾讯TVP
前腾讯技术专家，现深圳市友浩达科技有限公司CEO
张善友

作者简介

Kevin Hoffman 向客户传授使用最新的云原生模式、实践和技术对企业级应用进行迁移和现代化改造以使它们适应云环境的方法。Kevin 在计算机编程方面撰写了十几部著作，时常参加各种用户组和峰会。

前　言

这一天已经到来——当前大量软件和服务的开发者们正在迫不及待地拥抱微服务，微服务带来了伸缩性、容错性和缩短产品上市时间等方面的各项好处。

微服务不仅是一项吸引眼球的新鲜事物，其背后的驱动力和基础概念更重要，那些对于小型、独立部署的模块的态度摇摆不定的人们将会掉队。

现在，我们需要具备一种能够开发具有柔韧性、可弹性伸缩的应用的能力；而且开发过程要快速，才能满足客户需求并在竞争中保持领先。

本书中的开发过程

与其他一些只是逐一介绍编程语言的各个 API、类库和语法模式的参考书风格的书籍不同，本书希望用作微服务开发指南，而 ASP.NET Core 只是我们在编写示例代码时选用的框架。

本书不讲解底层 C# 代码的所有细节；如果你需要这方面的知识，可参考其他作者所编写的书籍。我期望你在学完本书后，基本能够基于 ASP.NET Core 创建、测试、编译和部署微服务，能够习得良好而实用的习惯，能快速开发稳定、安全、可靠的服务。

我希望你通过阅读本书能够学到大量方法，来开发部署在可弹性伸缩、高性能的云环境中的服务。使用 C# 的 ASP.NET Core 只是众多可用于开发微服务的语言和框架之一，但编程语言并不构成服务——唯有你才能造就服务。相比于一种特定的语言和工具，在服务开发期间你的努力、专心和勤奋，才是真正能保障服务投产后获得成功的因素。

画笔和画布本身并不成画，唯有画家才能画成。你就是微服务的画家，而 ASP.NET Core 则是众多画笔之一。

在本书中，我们首先讨论适用于任意服务的基本结构，接着介绍它们如何构成强大而健壮的服务。我们将连接数据库和各种后端服务，使用轻量级分布式缓存、安全服务以及 Web 应用，同时会时刻注意以 Docker 镜像形式持续地交付不可变发布物的能力。

为什么要开发微服务

由于需求、出发点和对成功的度量标准的不一致，不同团队的发布周期也不一致。依赖手工配置的定制服务器才能正常运行的单体开发时代已经过去了。

微服务，只要正确实施，我们就可从中获得敏捷性，并大幅缩短产品上市时间，而这正是企业在新时代里生存和发展所需的。在这个新时代，不管哪个领域，都需要让软件上云以获取利润。

在阅读本书的过程中，你将能了解每个决定背后的各项考量。从每一行代码到上层架构的"简图"，我们会详细讨论其优劣。

微服务开发的准备工作

首先，也是最重要的一点，你将需要 .NET Core 命令行工具，并安装正确的软件开发工具包 (Software Development Kit, SDK)。第 1 章将介绍如何配置它们。

接着，我们将用到 Docker。Docker 以及支持它的底层容器技术现在已经全面普及了。不管目标部署平台是亚马逊云(AWS)、微软 Azure、Google 云平台 (Google Cloud Platform, GCP)，还是自有基础设施，Docker 都能提供我们所期盼的可移植、不可变发布物。

本书微服务的开发、构建流水线是由 Docker 容器创建的，而这些容器则运行于云环境的 Linux 基础设施中。这种情况下，读者在使用本书时最顺畅的路径是基于 macOS 或 Linux 的机器。使用 Windows 也是没有问题的，不过在某些部分可能显得不够顺畅，或者需要额外步骤。Windows 10 上新的 Linux 子系统可缓解一部分问题，不过仍然不够理想。

Windows 和 macOS 上的 Docker 要使用虚拟机来托管 Linux 内核，因此，如果内存不足，就可能导致机器变慢。

如果使用 Linux(本书代码在 Ubuntu 上验证通过)，那么不需要任何虚拟机，因为 Docker 直接运行于 Linux 内核之上。

在线资源

- 微软网站(https://www.microsoft.com/net/core/)
- 本书的 GitHub 库(https://github.com/microservices-aspnetcore)

示例代码

本书的补充材料(示例代码、练习素材等)可在此处下载：https://github.com/microservices-aspnetcore。

本书就是为了帮你完成工作。你通常可在程序或者文档中使用本书提供的代码，不需要与我们取得联系获得许可，但如果要复制大量的程序，或将书中的代码清单用于出售或用于复制光盘，就必须获得许可。可以引用本书的内容或代码清单来解决其他问题，但在自己的产品文档中大量使用本书的代码清单需要事先得到许可。

如果你觉得自己对示例代码的使用超出了合理情况或许可的范围，请随时联系我们，邮箱是 permissions@oreilly.com。

致谢

如果没有家人超常的耐心和包容，本书不可能顺利付梓。他们的支持是能让本书从概念到成功出版的唯一动力。我难以想象他们如何在我把大量时间投入本书之后，还能忍受我的紧张和怪异，以及凌乱的旅行和日常工作安排。

对于一本像本书这样的书，其中的每一个章节、每一个示例，都需要投入大量时间进行编码、测试和研究，咨询专家，以及苦思冥想。我要向积极参与和运用 .NET Core 技术的开源社区，尤其是来自微软的技术讲师和开发者们表达深深的谢意。

最后，与以往一样，我一定要感谢 A-Team 的其他成员(Dan、Chris 和 Tom)，他们持续的灵感让编程充满乐趣。

目　录

第 1 章　ASP.NET Core 基础 ……………………………………………………… 1

1.1　核心概念 ……………………………………………………………………… 1

　　1.1.1　CoreCLR …………………………………………………………… 1

　　1.1.2　CoreFX ……………………………………………………………… 2

　　1.1.3　.NET Platform Standard …………………………………………… 3

　　1.1.4　ASP.NET Core ……………………………………………………… 3

1.2　安装 .NET Core ……………………………………………………………… 4

1.3　开发控制台应用 ……………………………………………………………… 5

1.4　开发第一个 ASP.NET Core 应用 …………………………………………… 8

　　1.4.1　向项目添加 ASP.NET 包 …………………………………………… 8

　　1.4.2　添加 Kestrel 服务器 ………………………………………………… 9

　　1.4.3　添加启动类和中间件 ……………………………………………… 10

　　1.4.4　运行应用 …………………………………………………………… 12

1.5　本章小结 …………………………………………………………………… 12

第 2 章　持续交付 ……………………………………………………………… 15

2.1　Docker 简介 ………………………………………………………………… 15

　　2.1.1　安装 Docker ………………………………………………………… 16

　　2.1.2　运行 Docker 镜像 ………………………………………………… 16

2.2　使用 Wercker 持续集成 …………………………………………………… 18

2.3　用 Wercker 构建服务 ……………………………………………………… 18

　　2.3.1　安装 Wercker 命令行工具 ………………………………………… 19

　　2.3.2　添加 wercker.yml 配置文件 ……………………………………… 20

　　2.3.3　运行 Wercker 构建 ………………………………………………… 22

2.4　使用 CircleCI 持续集成 …………………………………………………… 22

2.5   部署到 docker hub ··· 24

2.6   本章小结 ·· 25

第 3 章   使用 ASP.NET Core 开发微服务 ·················· 27

3.1   微服务的定义 ··· 27

3.2   团队服务简介 ··· 28

3.3   API 优先的开发方式 ·· 29

    3.3.1   为什么要用 API 优先 ·· 29

    3.3.2   团队服务的 API ·· 30

3.4   以测试优先的方式开发控制器 ····································· 31

    3.4.1   注入一个模拟的仓储 ·· 38

    3.4.2   完成单元测试套件 ·· 40

3.5   创建持续集成流水线 ·· 42

3.6   集成测试 ·· 43

3.7   运行团队服务的 Docker 镜像 ····································· 46

3.8   本章小结 ·· 47

第 4 章   后端服务 ·· 49

4.1   微服务生态系统 ··· 49

    4.1.1   资源绑定 ·· 51

    4.1.2   服务间模型共用的策略 ······································ 51

4.2   开发位置服务 ··· 53

4.3   优化团队服务 ··· 56

    4.3.1   使用环境变量配置服务的 URL ···························· 56

    4.3.2   消费 RESTful 服务 ··· 57

    4.3.3   运行服务 ·· 59

4.4   本章小结 ·· 62

第 5 章   创建数据服务 ·· 63

5.1   选择一种数据存储 ··· 63

5.2   构建 Postgres 仓储 ··· 64

    5.2.1   创建数据库上下文 ·· 65

    5.2.2   实现位置记录仓储接口 ······································ 66

    5.2.3   用 EF Core 内存提供程序进行测试 ······················ 68

5.3   数据库是一种后端服务 ·· 68

5.4   对真实仓储进行集成测试 ··· 71

5.5   试运行数据服务 ··· 73

5.6   本章小结 ·· 76

第 6 章   事件溯源与 CQRS ··································· 77

6.1   事件溯源简介 ··· 77

    6.1.1   事实由事件溯源而来 ·· 78

    6.1.2   事件溯源的定义 ··· 78

　　　　6.1.3　拥抱最终一致性 ·· 79
　　6.2　CQRS 模式 ··· 80
　　6.3　事件溯源与 CQRS 实战——附近的团队成员 ······················ 82
　　　　6.3.1　位置报送服务 ·· 83
　　　　6.3.2　事件处理器 ·· 92
　　　　6.3.3　事实服务 ··· 98
　　　　6.3.4　位置接近监控器 ·· 99
　　6.4　运行示例项目 ·· 99
　　　　6.4.1　启动服务 ··· 100
　　　　6.4.2　提交示例数据 ·· 101
　　6.5　本章小结 ··· 103

第 7 章　开发 ASP.NET Core Web 应用 ··································· 105
　　7.1　ASP.NET Core 基础 ·· 105
　　　　7.1.1　添加 ASP.NET MVC 中间件 ····································· 108
　　　　7.1.2　添加控制器 ·· 109
　　　　7.1.3　添加模型 ··· 110
　　　　7.1.4　添加视图 ··· 110
　　　　7.1.5　从 JavaScript 中调用 REST API ·································· 112
　　7.2　开发云原生 Web 应用 ·· 115
　　　　7.2.1　API 优先 ··· 116
　　　　7.2.2　配置 ·· 116
　　　　7.2.3　日志 ·· 116
　　　　7.2.4　会话状态 ··· 117
　　　　7.2.5　数据保护 ··· 117
　　　　7.2.6　后端服务 ··· 118
　　　　7.2.7　环境均等 ··· 118
　　　　7.2.8　端口绑定 ··· 119
　　　　7.2.9　遥测 ·· 119
　　　　7.2.10　身份验证和授权 ··· 119
　　7.3　本章小结 ··· 120

第 8 章　服务发现 ·· 121
　　8.1　回顾云原生特性 ·· 121
　　　　8.1.1　配置外置 ··· 121
　　　　8.1.2　后端服务 ··· 122
　　8.2　Netflix Eureka 简介 ··· 123
　　8.3　发现和广播 ASP.NET Core 服务 ·· 125
　　　　8.3.1　服务注册 ··· 126
　　　　8.3.2　发现并消费服务 ·· 127
　　8.4　DNS 以及由平台支持的服务发现 ·· 130
　　8.5　本章小结 ··· 131

第 9 章　微服务系统的配置 ⋯⋯⋯⋯⋯⋯⋯⋯⋯⋯⋯⋯⋯⋯⋯⋯⋯⋯⋯⋯⋯ **133**

9.1　在 Docker 中使用环境变量 ⋯⋯⋯⋯⋯⋯⋯⋯⋯ 134

9.2　使用 Spring Cloud 配置服务器 ⋯⋯⋯⋯⋯⋯⋯ 135

9.3　使用 etcd 配置微服务 ⋯⋯⋯⋯⋯⋯⋯⋯⋯⋯⋯⋯ 138

9.4　本章小结 ⋯⋯⋯⋯⋯⋯⋯⋯⋯⋯⋯⋯⋯⋯⋯⋯⋯⋯⋯ 144

第 10 章　应用和微服务安全 ⋯⋯⋯⋯⋯⋯⋯⋯⋯⋯⋯⋯⋯⋯⋯⋯⋯⋯⋯⋯ **145**

10.1　云环境中的安全 ⋯⋯⋯⋯⋯⋯⋯⋯⋯⋯⋯⋯⋯⋯ 145

　　10.1.1　内网应用 ⋯⋯⋯⋯⋯⋯⋯⋯⋯⋯⋯⋯⋯ 145

　　10.1.2　Cookie 和 Forms 身份验证 ⋯⋯⋯⋯ 146

　　10.1.3　云环境中的应用内加密 ⋯⋯⋯⋯⋯ 146

　　10.1.4　Bearer 令牌 ⋯⋯⋯⋯⋯⋯⋯⋯⋯⋯⋯ 147

10.2　ASP.NET Core Web 应用安全 ⋯⋯⋯⋯⋯⋯⋯ 148

　　10.2.1　OpenID Connect 基础 ⋯⋯⋯⋯⋯⋯ 148

　　10.2.2　使用 OIDC 保障 ASP.NET Core 应用的安全 ⋯⋯⋯⋯ 150

　　10.2.3　OIDC 中间件和云原生 ⋯⋯⋯⋯⋯ 157

10.3　保障 ASP.NET Core 微服务的安全 ⋯⋯⋯⋯ 158

　　10.3.1　使用完整 OIDC 安全流程保障服务的安全 ⋯⋯⋯⋯ 159

　　10.3.2　使用客户端凭据保障服务的安全 ⋯ 160

　　10.3.3　使用 Bearer 令牌保障服务的安全 ⋯ 160

10.4　本章小结 ⋯⋯⋯⋯⋯⋯⋯⋯⋯⋯⋯⋯⋯⋯⋯⋯⋯ 164

第 11 章　开发实时应用和服务 ⋯⋯⋯⋯⋯⋯⋯⋯⋯⋯⋯⋯⋯⋯⋯⋯⋯⋯ **165**

11.1　实时应用的定义 ⋯⋯⋯⋯⋯⋯⋯⋯⋯⋯⋯⋯⋯⋯ 165

11.2　云环境中的 WebSocket ⋯⋯⋯⋯⋯⋯⋯⋯⋯⋯ 166

　　11.2.1　WebSocket 协议 ⋯⋯⋯⋯⋯⋯⋯⋯⋯ 167

　　11.2.2　部署模式 ⋯⋯⋯⋯⋯⋯⋯⋯⋯⋯⋯⋯ 167

11.3　使用云消息服务 ⋯⋯⋯⋯⋯⋯⋯⋯⋯⋯⋯⋯⋯⋯ 168

11.4　开发位置接近监控服务 ⋯⋯⋯⋯⋯⋯⋯⋯⋯⋯ 169

　　11.4.1　创建接近监控服务 ⋯⋯⋯⋯⋯⋯⋯ 169

　　11.4.2　为实时接近监控服务创建界面 ⋯ 178

11.5　本章小结 ⋯⋯⋯⋯⋯⋯⋯⋯⋯⋯⋯⋯⋯⋯⋯⋯⋯ 179

第 12 章　设计汇总 ⋯⋯⋯⋯⋯⋯⋯⋯⋯⋯⋯⋯⋯⋯⋯⋯⋯⋯⋯⋯⋯⋯⋯⋯ **181**

12.1　识别并解决反模式 ⋯⋯⋯⋯⋯⋯⋯⋯⋯⋯⋯⋯ 181

12.2　继续辩论组合式微服务 ⋯⋯⋯⋯⋯⋯⋯⋯⋯⋯ 184

　　12.2.1　使用断路器缓解风险 ⋯⋯⋯⋯⋯ 185

　　12.2.2　消除同步的组合模式 ⋯⋯⋯⋯⋯ 187

12.3　接下来，还要做什么？ ⋯⋯⋯⋯⋯⋯⋯⋯⋯⋯ 188

第 1 章

ASP.NET Core 基础

.NET Core 并不只是一个新版本的 .NET, 它将我们 .NET 开发人员从前学过的所有内容都完整地翻新了一遍。.NET Core 是一个从零开始的全新产品, 将 .NET 开发以一种完全跨平台的开发技术栈的面貌融入开源社区。

本章将逐个介绍 ASP.NET Core 和 .NET Core 的基础组件。按照微软的一贯风格, 我们又会有一系列新术语和名词需要了解。这些概念在测试版本和预发布版本期间, 曾几经改变, 所以网上到处充斥着含糊不清甚至完全错误的信息。

读完本章, 你将对 ASP.NET Core 本身, 以及它如何适应跨平台框架的全新架构有更好的了解。同时能在练习环境中完成所有依赖的配置工作, 从而为本书后续章节做好准备。

1.1 核心概念

我非常希望直接开始基于 .NET Core 编写经典而必备的 Hello World 应用。不过 .NET Core 在架构、设计和工具链上的改变十分彻底, 我们最好花点时间了解几个与此前版本的 .NET 不同的术语。

即使你之前从未用过 .NET, 而直接使用 .NET Core, 到网络上随便搜索也能到处见到这些术语, 所以非常有必要了解它们的含义。

1.1.1 CoreCLR

CoreCLR 是一个轻量级、跨平台的运行时, 它提供了很多与 Windows 桌面或服务器版通用语言运行时(Common Language Runtime, CLR) 相同的功能。

1. 垃圾回收

垃圾回收器负责清理托管应用中闲置的对象引用。如果用过 .NET(或 Java)此前的版本，就一定对这一概念感到熟悉。尽管 CLR 和 CoreCLR 之间略有差异，但它们的垃圾回收内部原理是一致的。

2. JIT 编译

与此前版本的 .NET 一样，JIT(Just-in-time，即时)编译器负责将.NET 程序集中的中间语言(Intermediate Language，IL)代码按需编译为原生代码。这种机制仍被保留并扩展到 Windows、Linux 和 macOS 等平台。

3. 异常处理

异常处理(例如try/catch语句)在运行时(而不在基础类库)使用。由于各种原因，这已超出本书的讨论范围。

在 .NET 的第一个版本中，CLR 是一个大的单体程序，它提供 .NET 应用所需的基础服务。随着时间的推移，它变得越来越大，与 Windows 的耦合也越来越紧密。它最终变得异常庞大，完整的 CLR 对于大多数普通用户来说通常过于臃肿，微软不得不把它分成两个版本，让开发人员选用完整版或轻量版。当时，开发人员一般根据他们开发的是服务器端还是客户端应用来做出选择。

在 .NET Core 中，CoreCLR 现在只保留支持 .NET Core 应用运行所需各类基础服务的最小集合。实际上，它只是一个启动器。任何不属于跨平台运行时最基础的部分，都放到 CoreFX 中，或以完全独立的扩展类库的方式提供。

1.1.2 CoreFX

从事过 .NET 应用开发的人应该比较熟悉基础类库(Base Class Library，BCL)的概念，也就是构成框架的所有类库的总称。只要在服务器上安装 .NET Framework 3.5 之类的软件，就能获得框架提供的所有类型。这就使开发人员以为服务器上什么都是现成的，遗憾的是，他们将服务器当作宠物(后面会讨论为什么这种做法很糟糕)。

旧的 .NET Framework 犹如庞大的怪物，它有成千上万个类。往服务器上部署应用时，需要安装整个框架，而不管应用实际用到其中多少。

CoreFX是一系列模块化的程序集(以 NuGet包的方式提供，并且完全开源，可通过 GitHub 获取)，开发人员可从中挑选并使用。应用现在不再要求目标服务器上安装类库的所有程序集。基于CoreFX，可以只关注真正用到的部分，按照真正的云原生风格，应用与其依赖项应该打包到一起,对目标环境没有特殊要求。依赖管理的负担回到应用一侧后,服务器也就不再需要提前配置。

这将极大地改变人们对 .NET 开发的印象。.NET 应用开发不再是一种基于 Windows 的闭源和厂商锁定的技术。现在,它是一种轻盈、按需取用的模式,与现代化微服务开发的模式与实践,以及广大开源社区所理解的软件开发哲学完全看齐。

1.1.3 .NET Platform Standard

在 .NET Core 之前,.NET 开发人员曾熟悉可移植类库(Portable Class Libraries, PCL)的概念。它们支持让开发人员面向不同的CPU架构和平台编译程序集(例如,给 Windows Phone 8 提供一个DLL,给在服务器上运行的 ASP.NET 应用再提供一个DLL)。这一过程将生成多个不同的DLL文件,分别关联不同的目标部署平台。

.NET Platform Standard(通常简称为 .NET Standard)旨在简化这一过程,以一种更可控的架构支持 .NET Core 二进制可移植性的跨平台目标。关于 .NET Standard 的更多信息,请阅读位于GitHub的文档。

也可将 .NET Standard 理解为一种接口。我们可将每个 .NET Standard 版本都理解成一系列接口,并以传统的 .NET Framework(在v4.x 及以上的版本)或 .NET Core 类库的方式得到实现。在评估 NuGet 包引用时,需要考虑它们所使用的 .NET Standard 版本。如果它们不能兼容任何 .NET Standard 版本,也就不能兼容 .NET Core。

表1-1所示为截至本书写作时的 .NET Standard、.NET Core 以及现有 .NET Framework 的兼容性和版本对应关系(表中数据来自微软官方文档)。

表1-1　.NET Standard 兼容性

平台								
.NET Standard	1.0	1.1	1.2	1.3	1.4	1.5	1.6	2.0
.NET Core							1.1	2.0
net(.NET Framework)		4.5	4.5.1	4.6	4.6.1	4.6.2	vNext	4.6.2

1.1.4 ASP.NET Core

ASP.NET Core是一系列小的模块化组件,可添加到现有应用中,用于开发Web应用和微服务。ASP.NET Core提供了路由、JSON 序列化、MVC控制器与视图的API。

在以前,ASP.NET 是 .NET Framework 的一部分——二者不可分离。在框架本身有了轻量级与重量级之分之后(即CLR拆分为两个版本),才能安装不包含 ASP.NET 的 .NET Framework。

现在,与开源软件社区其他产品早已实现的模式一样,使用ASP.NET Core也只需要添加几个模块依赖,就可以把一个控制台应用转化为Web应用或服务。与其他.NET Core组件一样,ASP.NET Core 也是 100%开源的,它的源代码位于 https://github.com/aspnet。

1.2　安装 .NET Core

前面已经提到,ASP.NET 现在不再需要安装了,因为它除了一些用于往 .NET Core 应用添加功能的模块之外,再无其他。你需要安装的是 .NET Core命令行工具,以及SDK。之所以需要注意区分命令行工具与SDK,是因为我们可通过单一版本的命令行工具来安装和管理多个 SDK(例如,v1.0 和 v1.1)。

对于开源框架来说,这种新的模块化设计更加现代化,其他语言的各种框架也是这样管理和发布的。对于从开源世界来到 .NET Core 的人来说,会对此感到自然而然。而对于曾经的日常工作就是在一台台服务器上安装ASP.NET的开发人员来说,则是一种全新体验。

安装 .NET Core 的步骤,请参照其官方网站的说明。请安装最新版本的SDK(开发工具)和最新版本的运行时。

对于不同的操作系统,安装说明有所不同;但安装完成后,应该都能成功运行下面的命令:

```
$ dotnet --version
1.0.3
```

你的版本号可能与上面的输出略有不同,但在安装后,dotnet 程序位置应该被添加到PATH,并能成功输出版本号。本书基于 1.0.3 版的 SDK 以及 1.1.1 版的运行时编写的(译者注:截至本书中文版出版时,最新版的 .NET Core SDK 为 2.2.106,最新版的运行时为2.2.4 版本。请关注官方网站了解最新的版本:https://dotnet.microsoft.com/download)。

.NET Core 社区十分活跃,发布节奏也很快,所以当你读到本书时,很可能开发工具和运行时都有新版本了。

如果上面的命令没问题,你就有信心认为已经满足了在工作环境中安装 .NET Core 的基本要求。按照微软的安装说明再检查一遍,以确保你已经安装了这些工具的最新版本。

本书所有的示例都假定项目由格式为.csproj 的项目文件管理。要注意的是,如果在网上搜索示例代码,你可能会发现有些示例使用的是project.json格式的项目文件。它们是过去使用的格式,现在已经不再使用,与 1.x 版本的 SDK 已不再兼容。

如果遇到一个dotnet命令的版本比上面的输出更早，就需要手动从GitHub下载一个新版本。

本书要求你的运行时版本为 1.1 或更高，而 SDK 开发工具的版本为 1.0.2 或更高。

> **开发工具的版本**
>
> 根据运行dotnet命令所在的目录的不同，版本号的输出可能发生变化。如果在相同目录，或父级目录有一个global.json文件，并且指定了固定版本的 SDK，你将看到指定的版本，即使dotnet命令行工具的版本号更高也是如此。要查看本机已安装的 SDK 最高版本号，请在根目录或者附近没有 global.json 的临时目录运行 dotnet --version 命令。

.NET Core 模块化的一个副作用是，很多开发人员需要一段时间来适应这种 SDK(开发工具、CLI) 与运行时的版本号差异。在撰写本书时，最新的运行时版本是 1.1.1，在 Mac上，可使用以下命令来查看电脑上的所有运行时版本：

```
$ ls -F /usr/local/share/dotnet/shared/Microsoft.NETCore.App/
1.0.1/      1.0.3/      1.0.4/
1.1.0/      1.1.0-preview1-001100-00/  1.1.1/
```

如果在这个目录中能看到 1.1.1，而你使用 1.0.2 或更新版本的 SDK，那对于本书的后续部分来说也是没有问题的。

如果在这个目录中没有看到 1.1.1，那就需要下载。在微软的.NET Core 页面上能直接找到运行时的版本列表。

如果使用 Windows 机器，应该可在目录 Program Files\dotnet\shared\Microsoft.NetCore. App 找到已安装的运行时。

.NET Core 量级极轻，并且如前所述，只需要极少的必要条件就能运行。应用的所有依赖都将借由dotnet restore命令通过读取项目文件来下载。这对于云原生应用开发来说是必备的特性，因为，如果要向云上部署不可变的发布物，就必须自主管理依赖(随项目一起发行)。在云环境，不应该对部署应用的虚拟机做任何假设。

1.3 开发控制台应用

在进入正式的讨论之前，我们需要确保能够创建、生成经典的简单范例程序——经常被嘲笑却又无处不在的"Hello World"。

dotnet命令行工具有一项功能，可用于创建简单的控制台应用的骨架结构代码。直接输入dotnet new，不需要额外参数，它将向你展示包含所有可用模板的列表。在本例中，我们使用 console。

注意，上述命令会在当前目录创建项目文件。所以在运行该命令之前，先确保你当前已处于期望的位置(译者注：指将命令行环境的当前目录切换到正确的目录位置)。

```
$ dotnet new console

Welcome to .NET Core!
---------------------
Learn more about .NET Core @ https://aka.ms/dotnet-docs.
Use dotnet --help to see available commands or go to
https://aka.ms/dotnet-cli-docs.

Telemetry
--------------
The .NET Core tools collect usage data in order to improve your
experience.
The data is anonymous and does not include commandline arguments.
The data is collected by Microsoft and shared with the community.
You can opt out of telemetry by setting a DOTNET_CLI_TELEMETRY_OPTOUT
environment variable to 1 using your favorite shell.
You can read more about .NET Core tools telemetry @ https://aka.ms/
dotnet-cli-telemetry.

Configuring...
-------------------
A command is running to initially populate your local package cache, to
improve restore speed and enable offline access. This command will take up
to a minute to complete and will only happen once.
Decompressing 100% 2828 ms
Expanding 100% 4047 ms

Created new C# project in /Users/kevin/Code/DotNET/sample.
```

如果你之前运行过最新版的命令行工具，输出内容中的无用信息会少得多。注意上面的输出中关于禁止采集的内容。如果你不希望微软以匿名方式收集你的编译习惯，可以在你常用的 shell 或终端环境中修改配置，设置 DOTNET_CLI_TELEMETRY_OPTOUT 为 1。

项目创建完成后，运行 dotnet restore 可分析项目的依赖，并下载所有需要的包。每次在修改项目文件后，都要执行这一步骤。

```
$ dotnet restore
Restoring packages for /Users/kevin/Code/DotNET/sample/sample.csproj...
Writing lock file to disk. Path: /Users/kevin/Code/DotNET/sample/obj/
project.assets.json
Restore completed in 743.6987ms for /Users/kevin/Code/DotNET/sample/
sample.csproj.

     NuGet Config files used:
          /Users/kevin/.nuget/NuGet/NuGet.Config
```

```
Feeds used:
    https://api.nuget.org/v3/index.json
```

如果没有错误, 运行应用之后就可在终端窗口看到 "Hello World!" 的输出了(首次把应用编译为二进制文件时, 可能略有延迟)。

```
$ dotnet run
```

```
Hello World!
```

我们的项目包含两个文件: 项目文件(文件名默认为 <目录名称>.csproj), 以及 Program.cs。代码清单 1-1 即为代码的内容。

代码清单 1-1　Program.cs

```
using System;

namespace ConsoleApplication
{
    class Program {
        static void Main(string[] args){
            Console.WriteLine("Hello World!");
        }
    }
}
```

在继续前, 请确保你能成功运行上述所有 dotnet 命令、执行应用并能看到正确的输出。表面看来, 这与此前版本的 .NET 控制台应用类似。接下来讨论 ASP.NET Core, 很快我们就能看到不同之处了。

查看 .csproj 项目文件, 就会发现它声明了项目所面向的 netcoreapp 版本(1.0)。

为确保你的开发工具正常工作、环境适用于本书后续的所有示例代码(使用 v1.1 运行时版本), 我们需要编辑这个 .csproj 文件。完成后, 其内容应该为:

```
<Project Sdk="Microsoft.NET.Sdk">

    <PropertyGroup>
        <OutputType>Exe</OutputType>
        <TargetFramework>netcoreapp1.1</TargetFramework>
    </PropertyGroup>

</Project>
```

我们将其中的 .NET Core 版本升级到 1.1, 同时依赖的 Microsoft.NETCore.App 的版本也变成 1.1.0。现在就可以开始练习, 有必要形成的一个习惯是, 每次修改 .csproj 文件之后, 都需要运行一遍 dotnet restore。

```
$ dotnet restore
Restoring packages for /Users/kevin/Code/DotNET/sample/sample.csproj...
Generating MSBuild file /Users/kevin/Code/DotNET/sample/obj/ \ sample.
csproj.nuget.g.props.
Writing lock file to disk. Path: /Users/kevin/Code/DotNET/sample/obj/ \
project.assets.json
Restore completed in 904.0985ms for /Users/kevin/Code/DotNET/sample/ \
sample.csproj.

      NuGet Config files used:
          /Users/kevin/.nuget/NuGet/NuGet.Config

      Feeds used:
          https://api.nuget.org/v3/index.json
```

现在，应该又可以再次运行应用了。视觉上应该没什么变化，也不会产生编译错误。

如果你一步步跟随练习下来，现在可查看 bin/Debug 目录，应该能发现两个子目录：一个是 netcoreapp1.0，另一个是 netcoreapp1.1。这是因为刚才我们将应用分别面向两个目标框架进行了编译。如果刚才先删了 bin 目录，再运行 restore 和 run 命令，就只会出现netcoreapp1.1 目录。

1.4　开发第一个 ASP.NET Core 应用

往控制台应用添加 ASP.NET Core 功能实际上相当简单。新的 ASP.NET 项目，既可以用 Visual Studio 里的项目模板创建，也可以在 Mac 上用 Yeoman 创建。

不过，这里想向你展示，从一个 Hello World 控制台应用到一个基于 Web 的 HelloWorld，即使不使用项目模板、脚手架工具，也是何等的轻而易举！我的观点是，项目模板、脚手架工具和操作向导都很有帮助，不过如果一个框架依赖于这些工具，那它在复杂度方面给人们的压力就太大了。我有一个最喜欢的经验：

如果一个框架不能基于简易的文本编辑器和命令行工具来构建应用，就不是好框架。

1.4.1　向项目添加 ASP.NET 包

首先，我们需要往项目添加一些包引用：

- Microsoft.AspNetCore.Mvc

- Microsoft.AspNetCore.Server.Kestrel

- Microsoft.Extensions.Logging(三个不同的包)

- Microsoft.Extensions.Configuration.CommandLine

添加引用时，既可以自行编辑项目文件，也可以使用 Visual Studio 或 VSCode 来添加。

在 .NET Core 早期，项目文件的格式曾发生过变化。从早期的 alpha 版本到预发布版本，直到 1.0 的正式版都使用一个称为 project.json 的项目文件。在 1.0 版的开发工具包的 preview3 版本里，微软开发了跨平台版本的 MSBuild 工具，并内置于命令行工具中。接着，在本书付印时，我们终于可以用上这种新的 MSBuild 格式的 <project>.csproj 项目文件了。

下面是 hellobook.csproj 文件的内容，其中包含新添加的依赖：

```
<Project Sdk="Microsoft.NET.Sdk">

    <PropertyGroup>
        <OutputType>Exe</OutputType>
        <TargetFramework>netcoreapp1.1</TargetFramework>
    </PropertyGroup>

    <ItemGroup>
        <PackageReference Include="Microsoft.AspNetCore.Mvc"
            Version="1.1.1" />
        <PackageReference Include="Microsoft.AspNetCore.Server.Kestrel"
            Version="1.1.1"/>
        <PackageReference Include="Microsoft.Extensions.Logging"
            Version="1.1.1"/>
        <PackageReference Include="Microsoft.Extensions.Logging.Console"
            Version="1.1.1"/>
        <PackageReference Include="Microsoft.Extensions.Logging.Debug"
            Version="1.1.1"/>
        <PackageReference
            Include="Microsoft.Extensions.Configuration.CommandLine"
            Version="1.1.1"/>
    </ItemGroup>
</Project>
```

1.4.2　添加 Kestrel 服务器

我们从上面现成的示例程序上直接扩展，以针对每个收到的 HTTP 请求，都给出 Hello World 响应。不管请求什么 URL，使用哪种 HTTP 方法，都返回相同的响应。

下面的代码清单 1-2 即为更改后的程序入口文件 Program.cs。

代码清单 1-2　Program.cs

```
using System;
using Microsoft.AspNetCore.Hosting;
using Microsoft.AspNetCore.Builder;
using Microsoft.Extensions.Configuration;

namespace HelloWorld
{
    class Program
```

```
    {
        static void Main(string[] args)
        {
            var config = new ConfigurationBuilder()
                .AddCommandLine(args)
                .Build();

            var host = new WebHostBuilder()
                .UseKestrel()
                .UseStartup<Startup>()
                .UseConfiguration(config)
                .Build();
            host.Run();
        }
    }
}
```

在这个新的 Main 方法里，我们首先初始化了配置子系统。ConfigurationBuilder 可用于从 JSON 文件、环境变量以及命令行参数(如上所示)读取配置。后面的示例中还会展示配置系统的更多不同用法。

完成配置生成之后，我们使用 WebHostBuilder 来设置 Web 宿主程序。我们不再使用 Windows 上的 IIS(Internet Information Services,因特网信息服务)或者 HWC(Hostable Web Core,可宿主 Web 核心)了，取而代之的是，现在用一款称为 Kestrel 的跨平台、自宿主的 Web 服务器。对于 ASP.NET Core 应用，即使部署到 Windows 平台的 IIS，在底层仍使用 Kestrel 服务器。

1.4.3 添加启动类和中间件

在经典的 ASP.NET 中，我们用 global.asax.cs 文件完成应用启动期间各个阶段的工作。在 ASP.NET Core 中，可使用 UserStartup<> 泛型方法定义一个启动类，以新的方式处理启动事件。

启动类支持以下这些方法(译者注：这些方法并不是必须要声明，可按实际需要声明。详情可参考 https://docs.microsoft.com/en-us/aspnet/core/fundamentals/startup)：

- 接收 IHostingEnvironment 变量的构造函数。
- Configure 方法，用于配置 HTTP 请求管线，以及应用本身。
- ConfigureServices 方法，用于向系统添加具有特定作用域的服务，这些服务可通过依赖注入使用。

代码清单 1-2 里已经暗示，我们需要往项目里添加一个 Startup 类，代码清单 1-3 所示就是这个类。

```
using Microsoft.AspNetCore.Builder;
using Microsoft.AspNetCore.Hosting;
using Microsoft.Extensions.Logging;
using Microsoft.AspNetCore.Http;

namespace HelloWorld {
    public class Startup
    {
        public Startup(IHostingEnvironment env)
        {
        }

        public void Configure(IApplicationBuilder app,
            IHostingEnvironment env, ILoggerFactory loggerFactory)
        {
            app.Run(async(context)=>
            {
                await context.Response.WriteAsync("Hello, World!");
            });
        }
    }
}
```

可用 Use 方法向 HTTP 请求处理管线中添加中间件。在 ASP.NET Core 中，一切都是可配置、模块化的组件，并且具有极好的可扩展性。这得益于大范围地采用了中间件模式，这一模式在其他语言的框架里也广泛采用。用其他开源框架开发过 Web 服务和应用的开发人员可能对中间件概念已经很熟悉了。

ASP.NET Core 的中间件组件(请求处理程序)链在一起成为一个管线(Pipeline)，在请求期间，它们的处理逻辑按顺序被调用。正在运行的中间件需要负责调用排在后面的组件，或者根据需要终止管线。

代码清单 1-3 展示了一个尽可能简单的 ASP.NET 应用，它只有一个中间件组件，这个组件处理所有请求。

可使用以下三种方法向请求处理过程添加中间件组件。

Map

通过 Map 方法，可将特定路径映射到处理程序上，从而让请求管线拥有了分支处理能力。我们还可以用 MapWhen 方法来获得更强大的功能，它支持基于条件判定的分支处理。

Use

Use 用于向管线中添加中间件组件。组件的代码需要决定要终止管线还是要继续执行管线。

Run

第一个用 Run 添加到管线里的中间件组件会让管线终止。如果用 Use 向管线里添加一个组件，而这个组件不再调用下一个组件，就会导致管线终止，也就与 Run 的效果相同了。

后续章节会频繁地提及中间件组件。前面已经提到，这种以模块方式操作"HTTP 请求处理管线"的能力是编写强大微服务的关键。

1.4.4　运行应用

在命令行中运行dotnet run即可启动示例应用。应用运行后，应该可看到如下输出。在运行前，记得要先运行dotnet restore：

```
$ dotnet run
Hosting environment: Production
Content root path:
    /Users/kevin/Code/DotNET/sample/bin/Debug/netcoreapp1.1
Now listening on: http://localhost:5000
Application started. Press Ctrl+C to shut down.
```

用下面的终端命令就能很容易地对这个服务进行测试。可以注意到，不管用什么URL，只要curl命令能识别，就都能调用中间件，并获得响应：

```
$ curl localhost:5000
Hello, World!

$ curl localhost:5000/will/any/url/work?
Hello, World!
```

Windows 没有内置 curl 命令。如果你使用 Windows 10 并启用了 Linux 子系统功能，就可以在 Windows 上通过 bash 命令行窗口运行 curl。不然，也可以直接用浏览器打开对应的 URL，或用你惯用的 REST 客户端测试工具，例如基于 Chrome 插件的 Postman。

如果在阅读本章期间，你没有随同上面的练习一步步输入代码，也可以从 GitHub 库下载完整的代码。

1.5　本章小结

在本章，我们开始了对 .NET Core 的学习。我们下载并安装最新版本的开发工具(尽管开发工具和运行时的版本差异容易弄混)，然后创建了一个控制台应用。

接着用一个对所有请求都返回"Hello World"的中间件把这个控制台应用变成一个简单的 Web 应用。这个过程很容易，只需要对项目文件做几处修改，再加几行代码就可以了。

如果目前还不能完全理解所有代码也不必担心；接下来的章节会探讨更多细节，到时候会更加清晰。

到这里，你应该已经拥有了本书后续章节所需的大部分工具，为深入学习做好了准备！

第 2 章

持续交付

相对于传统的单体应用，开发人员之所以要选择开发微服务系统，其驱动力之一就是需要一种能把新功能和修复补丁快速部署到小型、可独立缩放的子系统的能力。

只有在部署前就能确信这些服务在生产环境中不会出问题，才有可能做到这一点。

2.1 Docker 简介

最近，Docker势头强劲，不管是辅助开发，还是辅助部署与运维，它都越来越受到欢迎。它运用 Linux 内核提供的cgroup和 namespace 等功能对网络、文件和内存等资源进行隔离，避免了完整的重量级虚拟机的负担[1]。

如今有无数的平台和框架直接支持 Docker 或者能与它深度集成。Docker镜像可以部署到 AWS(Amazon云)、GCP(Google云平台)、Azure、虚拟机以及各种编排平台，例如Kubernetes、Docker Swarm、CoreOS Fleet、Mesosphere Marathon以及 Cloud Foundry等。Docker 的魅力在于，它可以在上述所有的环境中直接运行，不需要更改容器的格式[2]。

在本书中，你到处都能看到一种由Docker提供的能力，它让我们能够创建一种不可变发布物，这种发布物能屏蔽目标环境的差异、随处运行。使用不可变的发布物意味着我们在开发、QA等低层次的环境中测试了Docker镜像之后，就有理由相信它在生产环境也会以完全一致的方式工作。这种信心是拥抱持续交付的前提。

1　对于原生的 Linux 平台来说，确实是这样。不过，macOS 和 Windows 都需要以 Linux 虚拟机的方式来运行 Docker 服务。

2　容器确实是一种统一的格式，不过 Docker 的部分功能可能在这些环境中不完全可用。

关于 Docker 的更多信息，包括如何创建自己的 Dockerfile 和镜像，以及高级管理技巧，请参阅由 Karl Matthias 和 Sean P. Kane 合著的 *Docker: Up and Running* 一书。

本章后面会演示从特定的 CI 工具[3]把 Docker 镜像直接发布到 dockerhub。操作的所有步骤都是在线的、基于云，是在虚拟环境中完成的，完全不需要在自己的工作机器上安装具体的基础设施。

2.1.1　安装 Docker

在 Mac 上安装 Docker 时，推荐使用专门为 Mac 定制的安装程序。一些旧文档可能会介绍 Boot2Docker 或 Docker Toolbox，这些信息都已经过时了，现在不应该再用这些方法了。关于如何在 Mac 上安装 Docker 的详细信息，请参考 Docker 网站上的安装说明。安装说明也有其他操作系统的版本，不过本章不会详细讨论具体安装过程，因为在线文档的更新会更及时。

在本书开始写作时，我安装的是 17.03.0-ce, build 60ccb22 版本的 Docker。在安装之前，要记得检查文档以确保所使用的安装说明是最新的。

还可以使用 Homebrew 手动安装 Docker 和所有依赖项。这样会复杂一些，坦率地讲，我觉得在 Mac 上以这种方式安装没什么必要。Docker 软件启动之后，会在菜单栏生成一个漂亮的图标，Docker 能自动管理环境以支持使用终端和 shell 访问。

正确安装 Docker 之后，它将随 Mac 自动启动。由于 Docker 依赖 Linux 内核功能，实际上 Docker 会启动一个 VirtualBox 虚拟机来模拟这些 Linux 内核功能，这样才能启动 Docker 守护服务。

启动 Docker 可能需要几分钟，根据电脑配置的不同会有所差异。

接着，你应该能在终端中运行所有的 Docker 命令，从而证实安装已成功。其中的 docker images 命令在后面可能经常用到，它可列出本地仓库中存储的所有 Docker 镜像。

2.1.2　运行 Docker 镜像

现在，我们能够查看 Docker 的版本以及运行中的 Docker 容器的 IP 地址，还能查看本机安装的 Docker 镜像列表。接下来正好加以运用，把镜像运行起来。

在 Docker 中，可手动从 docker hub 这样的远程仓库把镜像拉取到本地缓存。不过，也可以直接运行 docker run 命令，如果本地还没有缓存镜像，镜像就会被自动下载并在终端显

3　本书经常使用一些缩略词，例如 CI(Continuous Integration，持续集成) 和 CD(Continuous Delivery，持续交付)，读者最好自行熟悉一下。

示下载过程。

运行下面的命令，就能启动我们在上一章开发的"Hello World"Web 应用[4]。如果镜像没有提前缓存，就会从 docker hub 获取这个 Docker 镜像，然后在镜像上调用start命令。注意，要把容器内的端口映射到容器之外，这样才能在外面的浏览器里打开它：

```
$ docker run -p 8080:8080 dotnetcoreservices/hello-world
Unable to find image 'dotnetcoreservices/hello-world:latest' locally
latest: Pulling from dotnetcoreservices/hello-world
693502eb7dfb: Pull complete
081cd4bfd521: Pull complete
5d2dc01312f3: Pull complete
36c0e9895097: Pull complete
3a6b0262adbb: Pull complete
79e416d3fe9d: Pull complete
6b330a5f68f9: Pull complete
Digest: sha256:0d627fea0c79c8ee977f7f4b66c37370085671596743c42f7c47f33e
9aa99665
Status: Downloaded newer image for dotnetcoreservices/hello-world:latest
Hosting environment: Production
Content root path: /pipeline/source/app/publish
Now listening on: http://0.0.0.0:8080
Application started. Press Ctrl+C to shut down.
```

输出内容展示了镜像缓存到本地之后的状态。如果是第一次操作，就能看到Docker镜像各个层次的下载进度。这个命令会将 Docker 镜像内的 8080 端口映射到镜像之外的 8080 端口。

Docker内置了网络隔离功能，网络隔离如同一座防火墙，除非显式允许容器外的网络流量进入容器，否则容器内是收不到容器之外的网络流量的。由于我们映射了容器内外的端口，因此能够用 localhost 的 8080 端口访问容器。

通过下面的 Docker 命令，可以看到我们的应用正在运行：

```
$ docker ps
CONTAINER ID      IMAGE
COMMAND           CREATED      STATUS
PORTS             NAMES
61a68ffc3851      dotnetcoreservices/hello-world
"/pipeline/source/..."      3 minutes ago      Up 2 minutes
0.0.0.0:8080->8080/tcp      priceless_archimedes
```

用 HTTP 客户端访问应用，以确认它运行正确：

```
$ curl http://localhost:8080/will/it/blend?
Hello, World!
```

4　之所以能够成功，是因为我们已将它以镜像方式发布到 docker hub。在本章后面，你将了解如何实现这一过程。

从上面的过程可以看出，我们能够直接从 docker hub 下载工作良好的完整软件并缓存于本地，然后执行 Docker 镜像的run命令即可运行。即使没有安装任何 ASP.NET Core 工具、不做任何配置，也仍然能用 Docker 镜像启动我们的示例服务。在持续集成服务器上运行测试时，需要确保测试过的发布物与部署所用的发布物完全相同，这时，这种能力就尤为重要了。

由于我们运行 ASP.NET Core 应用时使用了非交互模式(译者注：要使用"非交互模式"运行容器，请使用 -d 参数。详情请参考 docker run 文档)，如果要终止它，用 Ctrl+C 快捷键是不够的。要终止运行中的 Docker 进程，需要先用docker ps找出容器的 ID，然后把 ID 传入 docker kill命令：

```
$ docker kill 61a68ffc3851
```

2.2 使用 Wercker 持续集成

由于技术背景的不同，你可能对持续集成服务器已经有了一定的经验。在微软世界里比较流行的是团队基础服务(Team Foundation Server, TFS)和 Octopus，不过也有很多开发人员了解 Team City 和 Jenkins。

这里要介绍的是一个称为Wercker的 CI 工具(译者注：Wercker 现已由 Oracle 收购，仍提供免费可用的"社区版"，网址为 https://app.wercker.com/)。Wercker 旨在提供一个能帮助开发和运维人员运用CI最佳实践的软件服务。本节先简要介绍 CI，然后是关于如何运用 Wercker 自动对应用进行构建的操作练习。

维基百科上有一段关于持续集成最佳实践的精彩内容。前面我们已经讨论了一些关于为什么进行 CI/CD 的话题，一句话总结就是：

如果想让发布过程更稳定、可预测、更可靠，就需要更频繁地发布。

为了更频繁地发布，除了全方位的测试之外，还需要在代码签入之后，自动地构建和部署。

2.3 用 Wercker 构建服务

在所有云托管、基于 Docker 的构建工具之中，我之所以选择 Wercker 是有一些理由的。首先，也是最重要的，Wercker 不需要用户提供信用卡信息。如果一个云服务需要提前购买，往往在用户想换到新平台时需要花费较高的成本；而允许免费试用的产品则是另一种思路，他们在营销方面认定你会喜欢上他们的服务，并持续使用下去。

其次，Wercker 十分易用。它的界面直观，与 Docker 集成紧密，还支持在集成测试中同时附加多个 Docker 镜像,在接下来的章节里,我们会看到这项功能极具特色。

使用 Wercker 时,有三个基本的准备步骤,完成之后就为 CI 做好了准备:

(1) 在 Wercker 网站上创建一个应用。

(2) 在应用的代码库中添加 wercker.yml 文件。

(3) 选择一个打包方式,以及构建成功后的部署位置。

在 Wercker 中创建应用前,第一件事是要注册一个账号(也可以用已有的GitHub账号登录),注册完成、登录后,在顶部菜单中点击Create链接,会弹出如图2-1所示的向导。

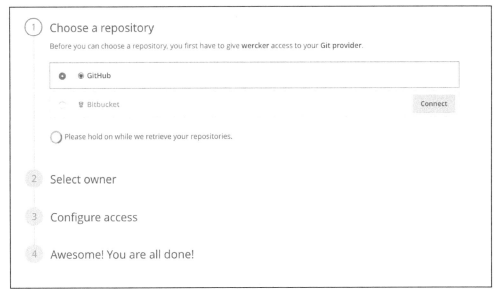

图2-1 在 Wercker 网站创建应用

向导会让你选择一个 GitHub 仓库作为构建的来源。接着会询问是用个人账号还是你所在的组织账号作为正在创建的应用的负责主体。举例来说,本书所有的构建都是公开的,由 dotnetcoreservices 组织负责。

应用创建完成后,需要向代码库添加 wercker.yml 文件(稍后会讨论)。该文件包含用于描述和配置自动化构建过程的大多数元信息。

2.3.1 安装 Wercker 命令行工具

如果在代码推送到 Git 远端之前就希望能够可靠地预测云上的构建将出现的结果,就需要能在本地调用Wercker构建过程。这有助于在本地运行集成测试;在本地以交互模式启动服务时，实际操作仍由 Wercker 所生成的 Docker 镜像完成(所以你一直在使用不可变构建发布物)。

代码会按照wercker.yml中的设置被添加到Docker镜像中，接着你可以指定要执行的程序，以及执行方式。在本地运行 Wercker 构建时，需要用到 Wercker 命令行工具(CLI)。

关于如何安装和测试Wercker CLI的资料，请参阅 Wercker 开发人员中心文档。

转到文档中题为"获取 CLI"的部分，大致能看到关于使用Homebrew安装 Wercker CLI的内容：

```
$ brew tap wercker/wercker
$ brew install wercker-cli
```

如果CLI安装正确，应该能够用它输出版本号：

```
$ wercker version
Version: 1.0.643
Compiled at: 2016-10-05 14:38:36 -0400 EDT
Git commit: ba5abdea1726ab111d2c474777254dc3f55732d3
No new version available
```

如果使用的CLI比较旧，可能看到类似下面的输出，提示可以自动更新：

```
$ wercker version Version: 1.0.174
Compiled at: 2015-06-24 10:02:21 -0400 EDT Git commit: ac873bc1c5a87808
89fd1454940a0037aec03e2b
A new version is available: 1.0.295(Compiled at: 2015-10-23T10:19:25Z,
Git commit: db49e30f0968ff400269a5b92f8b36004e3501f1)
Download it from: https://s3.amazonaws.com/downloads.wercker.com/ \
    cli/stable/darwin_amd64/wercker
Would you like update? [yN]
```

如果自动更新失败(我就遇到好几次)，也只要按照Wercker的文档用curl命令就可以下载最新版的CLI。

2.3.2 添加wercker.yml配置文件

现在，我们已经在Wercker网站上创建了一个应用，并安装了 Wercker CLI，接下来的任务是创建wercker.yml文件并定义应用的构建和部署步骤。

下面的代码清单 2-1 是我们在"Hello World"示例中所用的wercker.yml文件。

代码清单 2-1 wercker.yml

```
box: microsoft/dotnet:1.1.1-sdk
no-response-timeout: 10
build:
```

```
    steps:
      - script:
          name: restore
          code: |
            dotnet restore
      - script:
          name: build
          code: |
            dotnet build
      - script:
          name: publish
          code: |
            dotnet publish -o publish
      - script:
          name: copy binary
          code: |
            cp -r . $WERCKER_OUTPUT_DIR/app
            cd $WERCKER_OUTPUT_DIR/app
  deploy:
    steps:
      - internal/docker-push:
          username: $USERNAME
          password: $PASSWORD
          repository: dotnetcoreservices/hello-world
          registry: https://registry.hub.docker.com
          entrypoint: "/pipeline/source/app/docker_entrypoint.sh"
```

box 属性指出了要使用的作为构建起点的基准 docker hub 镜像。还好微软已经提供了包含 .NET Core 运行时的镜像，我们可用它来测试和执行。用 wercker.yml 可以做的事情还有很多，随着本书后面开发的应用越来越复杂，你将看到这个文件的演进过程。

接下来，我们在容器内部运行以下命令：

(1)dotnet restore，用于为 .NET 应用还原或下载依赖项。如果在企业内网运行这个命令，在没有正确设置代理的情况下，这一步骤可能会失败。

(2)dotnet build，编译应用。

(3)dotnet publish，用来编译并创建"可随时用于运行"的输出目录。

其中缺少了 dotnet test 命令。目前我们还没有编写测试，因为暂时也还没有具体的功能。在随后的章节里，会介绍如何使用这个命令来运行集成测试和单元测试。在本章之后，每一次构建都需要运行测试，检测其是否成功。

上述命令运行完成后，我们把发布后的输出文件复制到由 Wercker 提供的环境变量 WERCKER_OUTPUT_DIR 所指定的目录。Wercker 每完成一次构建，就会生成发布物，发布物的文件夹结构与我们期望的 Docker 镜像中的文件夹结构一致。

如果应用构建成功，且输出的文件也复制到正确的目录，我们就可以准备把应用部署到 docker hub 了。

2.3.3 运行 Wercker 构建

运行 Wercker 构建最简单的方法就是提交代码。如果 Wercker 配置成功，代码推送之后，只需要几秒种，构建过程就应该能自动启动。很显然，我们还需要用常规的 dotnet 命令行工具在本地构建并测试应用。

接下来我们来了解如何使用 Wercker 流水线构建应用(在一种隔离的、可移植的 Docker 镜像中执行构建)。这有助于消除在软件开发项目中常出现的"在我电脑上就没问题"现象。我们一般给应用添加如下的脚本来调用 Wercker 构建命令：

```
rm -rf _builds _steps _projects
wercker build --git-domain github.com \
    --git-owner microservices-aspnetcore \
    --git-repository hello-world
rm -rf _builds _steps _projects
```

这个脚本会以云上完全一致的方式执行 Wercker 构建过程，所有操作都在容器镜像之内完成。执行过程中，Wercker 流水线会生成一些消息，例如拉取最新版本的 .NET Core 的 Docker 镜像，以及运行流水线中的各个步骤的过程。

需要注意，即使指定 Git 信息，在本地构建过程中仍会使用本地文件，而不是存在于 GitHub 上的文件。

如果构建过程在本地执行成功，基本上可认为在云上执行也没有问题，并且所生成的发布物也没有区别。这种信心，在传统的、没有 CI 构建的流程中是无法获得的。

有必要再次提醒，上述 CI 功能完全免费，云上的构建所需的其他资源也不需要费用。所以，还有什么理由不去为 GitHub 上的其他项目创建 CI 流水线呢？

2.4 使用 CircleCI 持续集成

Wercker 并不是云 CI 的唯一选择，也不是唯一一款免费的产品。Wercker 在 Docker 镜像中运行构建过程，并以 Docker 镜像作为发布物输出，而 CircleCI 则提供更底层的访问能力。

进入 https://circleci.com 网站后，可免费注册一个新账号，也可以使用 GitHub 账号登录。

可以直接用平台上提供的构建镜像(还可以用 macOS 来构建 iOS 应用!)快速上手,然后添加一个配置文件,告诉 CircleCI 如何构建应用。

对于很多常规项目类型(Node.js、Java、Ruby)来说,CircleCI 能提供很多预测功能,并为这些应用预设了构建步骤。

对于 .NET Core 则没有预设,所以我们需要自行创建一个配置文件来告诉 CircleCI 如何构建。

这是"Hello World"项目的 circle.yml 文件的内容:

```
machine:
    pre:
        - sudo sh -c 'echo "deb [arch=amd64] https://apt-mo.
trafficmanager.net/repos/dotnet-release/ trusty main" > /etc/apt/
sources.list.d/dotnetdev.list'
        - sudo apt-key adv --keyserver hkp://keyserver.ubuntu.com:80
--recv-keys 417A0893
        - sudo apt-get update
        - sudo apt-get install dotnet-dev-1.0.1
compile:
    override:
  - dotnet restore
    - dotnet build
    - dotnet publish -o publish
test:
    override:
    - echo   "no tests"
```

这个构建过程与 Wercker 的关键区别在于,构建过程不是在已安装好 .NET Core 的专用 Docker 镜像中运行,我们需要使用诸如apt-get的工具来安装 .NET 工具链。

你可能注意到 machine 配置节的pre阶段运行的一系列 shell 命令,它们正是微软网站上列出的用于在 Ubuntu 机器上安装 .NET Core 的命令。这几条命令的作用正是如此——在 CircleCI 提供的 Ubuntu 构建运行机器上安装 .NET Core。

按照 CircleCI 2.0(在写作本书时,还处于测试期)的宣传,它将提供对 Docker 完整的原生支持,所以很可能你读到本书时,这一构建过程会变得更加简单。

图2-2所示为"Hello World"应用的 CircleCI 面板视图。

在选择 CI 工具时,不管是准备选用 CircleCI、Wercker,还是本书没有提到的其他 CI 工具,一定要确保它能与 Docker 深度集成又易于使用。各种部署环境对 Docker 的广泛支持,以及创建和分发可移植、不可变发布物等能力,对于支持如今市场所要求的敏捷性来说都大有裨益。

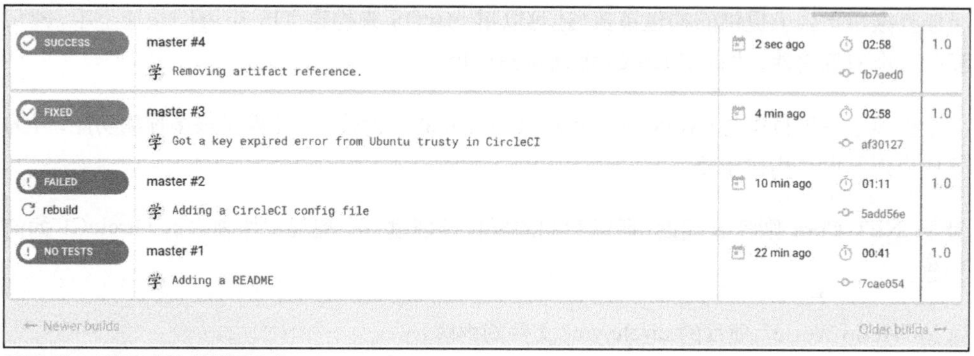

图2-2　CircleCI 构建历史

2.5　部署到 docker hub

有了能生成Docker镜像的Wercker(或CircleCI)构建设施,只要所有的测试都获得通过,就可以用它将发布物部署到任何目标位置。现在,我们把应用部署到docker hub。

在之前的wercker.yml中已经出现了部署过程的提示。在deploy配置节,在执行期间,它会将构建发布物部署为 docker hub 镜像。我们的 docker hub用户名和密码安全地存储在Wercker 环境变量中,因此这些敏感信息不需要签入到源代码控制。

作为复习,代码清单2-2所示即为这一部署步骤。

代码清单 2-2　wercker.yml 中的 docker hub 部署

```
deploy:
  steps:
    - internal/docker-push:
        username: $USERNAME
        password: $PASSWORD
        repository: dotnetcoreservices/hello-world
        registry: https://registry.hub.docker.com
        entrypoint: "/pipeline/source/app/docker_entrypoint.sh"
```

假如我们的docker hub登录凭据是正确的,正确地设置了Wercker环境变量,上面的代码会将构建的输出推送到docker hub,然后从任何机器都可以拉取并执行;在我们的目标环境同样如此。

本章早些时候所执行的示例 Docker镜像的发布过程用的就是这种自动推送机制。

图 2-3 所示为 Wercker 流程的一个示例。在构建成功后,我们通过执行 wercker.yml 文件中的部署步骤来部署发布物。单击界面上的"+"按钮,并为 YAML 文件里的部署配置节命名(此处为deploy),即可轻松地完成流水线中 docker hub 部分的创建。

图2-3　Wercker 的部署流水线

2.6　本章小结

在本章，我们一点新代码都没有编写。通常，这种情况会让我有些不安，不过实际所学内容却颇具价值。

即使是全世界最出色的开发人员，每次完成微服务的编译都自我感觉无限良好，但所开发的产品还是会不可靠，最终把脆弱、不可预测、容易出错的产品部署到生产环境。我们需要持续对代码进行构建、测试和部署。这里指的不是一个季度才一次，或者一个月一次，而是每当我们对产品进行变更就要进行一次。

后续章节在构建微服务时都会将测试和 CI 考虑在内。每一次提交都会触发 Wercker 构建，运行单元和集成测试并部署到 docker hub。

在开始下一章之前，我强烈建议你基于简单的"Hello World" ASP.NET Core 应用，挑选一个 CI 平台并设置好 CI 构建过程。把代码放到 GitHub，提交一次变更，观察它一步步经过构建、测试和部署的动作；并验证部署到 docker hub 上的镜像能按预期的方式工作。

这个过程能帮你产生一些新思想，你应该通过这些工作培养成自己的习惯。将来，你将认同这样一个观点：没有自动化构建流水线的开发工作，就像开发不可维护的单体应用一样疯狂。

第 3 章
使用 ASP.NET Core 开发
微服务

截至目前，我们体验的还只是一些 .NET Core 的基本能力。在本章，我们将基于之前实现的那个简单的"Hello World"中间件开发第一个微服务。

我们先简单地对微服务进行定义：它是什么(以及不是什么)，然后讨论几个概念，例如 API 优先和测试驱动开发。接着开发一个示例服务，用于管理团队及其成员。

3.1　微服务的定义

时至今日，微服务无处不在，是一个躲都躲不过的话题[1]。

"微服务"一词随处可见，然而，就像是几年前的缩写词 SOA 一样，现在微服务也已经被过度使用，可能会造成误解。每次提到这个词，人们总会有类似这样的疑问，例如"到底什么是微服务？""到底多小才算是'微'服务？"，或者"为什么不直接称之为'服务'呢？"

这些都是值得我们反思的好问题。很多情况下，答案是"取决于实际情况"。不过，我根据多年的模块化和高扩展性应用的开发经验，总结出如下的微服务的定义。

微服务是一个支持特定业务场景的独立部署单元。它借助语义化版本管理、定义良好的 API 与其他后端服务交互。它的天然特点就是严格遵守单一职责原则(Single Responsibility Principle, SRP)。

1　原文引用了英文俚语：we can't swing a dead cat without hitting a microservice，这里对应地做了意译。

这个定义某种程度上也是具有争议的。你可能已经注意到它丝毫没有提及 REST、JSON 以及 XML。因为微服务的消费端可能通过消息队列、分布式消息通知或经典的 RESTful 风格 API 与之交互。所以服务的 API 的形态和性质并不能用于界定其是否为服务或者是否足够微小。

一个服务，正如字面表达的意思，它提供服务。说它微小，是因为它提供并且只提供一种服务。不会因为这个服务消耗了更少的内存、占用更少的磁盘空间，或者是其他什么原因而成为一个微服务。

这个定义还提到了语义化版本。如果不严格遵守语义化版本管理和 API 兼容性规则，处于持续演进中的微服务生态系统的发展和维护将无法持久。可能你会不同意，但是需要考虑的问题是：你到底要以一种真空方式开发一个只往生产环境部署一次的服务，还是要开发包含数十个微服务的应用？服务还需要以独立的发布周期频繁地部署到生产环境吗？如果你的答案是后者，就应该花点时间考虑一下 API 版本化和向后兼容的策略了。

当从头开始开发微服务时，需要考虑好服务的更新频率，以及服务的哪些部分与更新不相关(因此很可能成为单独的服务)。

这让人想起 Sam Newman 关于微服务更新的黄金法则：

你能否修改一个服务并对其进行部署，而不影响其他任何服务？

——Sam Newman，《微服务设计》，http://shop.oreilly.com/product/0636920033158.do

微服务并没有什么黑魔法。事实上，大部分人把当年对面向服务架构(Service-Oriented Architecture, SOA)的期望寄托给现在的微服务。

真正的微服务所具有的体量小、易部署和无状态的特点，让它们非常适于在具有弹性缩放能力的云环境中运行，而这也是本书的重点。

3.2 团队服务简介

经典的 "Hello World" 示例可能很有趣，却始终没什么实用价值。更重要的是，如果要用示例体现出测试思维的话，就需要一些实际的功能来测试。也就是说，我们要开发一个真实的、有一定用处的服务，它尝试解决一个真实的问题。

不管是销售、开发、客服或是其他类型的团队，团队的成员位于多个地点的企业常常难以掌握人们的情况：他们的位置、联系方式和项目安排等。

团队服务旨在解决这些问题。这一服务将为客户端提供查询团队列表、团队成员及其详细信息的功能，还将支持添加和移除团队及团队中的成员。

在设计服务的过程中，我设想过很多不同的团队结构的视觉呈现方式，服务应该要能支持这些呈现方式，包括以地图方式标出团队成员们的位置，以及经典的列表和表格。

为让例子更真实，个人应该能够同时属于多个团队。如果从团队移除一个人导致他变为游离状态（即不属于任何团队），这个人就将从系统中移除。这种做法可能不是很好，不过我们需要确定一个起点，从一个不够完美的方案开始总比空等一个完美方案好得多。

3.3　API 优先的开发方式

在进入代码之前，我们先来体验定义服务 API 的过程。在这部分，我们讨论为什么应该把 API 优先作为微服务团队的开发策略，然后讨论我们的团队管理服务的 API 设计。

3.3.1　为什么要用 API 优先

如果是开发 "Hello World" 应用程序，它与外界隔离、与任何其他系统都没有交互，那么 API 优先的概念也就没什么价值了。

但在真实世界里，尤其当我们把所有服务部署到一个对基础设施进行了抽象的平台上（例如，Kubernetes、AWS、GCP、Cloud Foundary）等[2]，即便是最简单的服务都会需要消费其他服务，并由其他服务或应用来消费。

试着想象，我们开发的服务要被另外两个团队负责并维护的服务消费；反过来，我们的服务也依赖于另外两个服务；上下游的服务也都是线性或非线性依赖链中的一部分。这种复杂度，如果回到每六个月才发布一次、每次都是整体发布的时代，可能不是什么大问题。

现代化软件不可能以这种方式来开发。我们希望培育一种环境，每个团队都可以往其中添加功能、修复问题、改善产品，并在不影响其他任何服务的情况下部署上线。理想情况下，我们还希望部署工作能够在不停机的情况下进行，完全不对线上正在使用服务的客户产生影响。

如果企业依赖服务之间的代码共享和其他的内部紧耦合，那么在每次部署时都要承担整个系统被破坏的风险，也就回到了每次生产上线都如临大敌的黑暗时代。

相反，如果所有团队都一致把公开、文档完备且语义化版本管理的API[3]作为稳定的契约予以遵守，那么这种契约也能让各团队自主地掌握其发布节奏。遵循语义化版本规则能让团队在完善 API 的同时，不破坏已有消费方使用的 API。

不难发现，作为微服务生态系统成功的基石，坚持好 API 优先的这些实践，远比开发服务

2　这些都是各类云平台的代表，常见的云平台还有微软云、阿里云、腾讯云等。

3　关于语义化版本的更多信息，请参阅 http://semver.org/。

所用的技术或代码更重要。

如果想了解为 API 撰写文档和分享 API 的相关资料,可参阅 API Blueprint 以及 Apiary 之类的网站。还有其他很多标准,如 OpenAPI 规范(前身为 Swagger),但我个人更喜欢使用 Markdown 为 API 撰写文档带来的简单性。每个人的情况有所不同,也可能更严格的 OpenAPI 规范格式更能满足一部分人的需求。

3.3.2 团队服务的 API

一般来说,微服务的 API 并非必须具有 RESTful 特点。API 可以是一种定义了消息队列及消息正文格式的契约,或者还可以是其他形式的通信机制,例如使用 Google 的 Protocol Buffers[4]之类的技术。关键在于,RESTful API 只是从服务公开 API 的众多方式中的一种。

不过,在本书中,我们将在大多数(但也并非所有)服务里使用 RESTful API。我们的团队服务 API 会公开一个顶级资源称为 teams。它的下层资源则允许消费方查询并操作团队本身,同时能添加和移除团队成员。

为保持简单性,本章没有考虑安全问题,因此任何客户端都可随意使用这些资源。表 3-1 列出所有公开的 API(稍后会展示 JSON 正文的格式)。

表 3-1 团队服务的 API

资源	HTTP 方法	描述
/teams	GET	获取所有团队的列表
/teams/{id}	GET	获取单个团队的详细信息
/teams/{id}/members	GET	获取团队中的成员列表
/teams	POST	创建团队
/teams/{id}/members	POST	向团队中添加成员
/teams/{id}	PUT	更新团队的信息
/teams/{id}/members/{memberId}	PUT	更新团队成员的信息
/teams/{id}/members/{memberId}	DELETE	从团队删除成员
/teams/{id}	DELETE	删除整个团队

在最终的 API 设计方案成型之前,我们可在 Apiary 之类的网站上用 API 蓝图文档生成一个具有实效的原型,我们可以先行体验以期获得满意的 API 设计方案。这一体验过程可能看起来在浪费时间,不过我们更希望提前借助一些自动化工具发现 API 中的设计缺陷,

---

4 Protocol Buffers 简称为 protobufs,是一个平台中立、高性能的序列化格式,其文档位于 https://developers.google.com/protocol-buffers/。

而不是等到用于验证 API 有效性的测试套件完成编写之后才能发现。

例如,在 Apiary 之类的模拟工具上,我们最后可能发现除非提前知晓一个成员所在团队的 ID,否则没有途径可以获取成员的信息。这就给我们明确信号,或者也有可能我们觉得没有问题。重点是:如果我们没有针对常见的客户端使用场景进行必要的 API 模拟,这种情况可能要到很晚才会被发现。

3.4 以测试优先的方式开发控制器

在本章这一部分,我们要开发一个控制器来支持我们刚定义的团队 API。由于本书并不专注于 TDD,所以一些章节选择不展示测试代码。这里将详细介绍以测试优先的方式开发控制器的过程,带你体验 ASP.NET Core 中的 TDD。

首先,我们把上一章创建的脚手架类复制过来,这样可以创建一个空项目。我试着不从向导或 IDE 开始,从而避免把人们固定到特定平台上,获得 .NET Core 的跨平台性带来的好处。另外,了解向导的工作原理的过程也十分宝贵。这就类似于数学老师总是先让学生理解了原理,最后才揭示口诀和公式。

在经典的测试驱动开发(Test-Driven Development, TDD)中,我们从写一个失败的测试开始。然后用刚好足够的代码让测试通过,让灯变绿(译者注:在 TDD 中,人们常使用两种颜色的灯或进度条来表示测试通过的状态。红色表示失败,绿色表示通过)。接着新写一个失败的测试,并让它通过。继续重复整个过程,直到所有通过的测试能够覆盖我们在前面表格里设计的所有 API,并为每个 API 应该支持的功能编写正向和反向断言的测试案例。

我们要编写测试以确保如果发送了垃圾数据,应该能收到 HTTP 400(错误的请求)响应。我们还需要编写测试来确保控制器的所有方法在出现数据不完整、格式错误或其他不合法的数据时,都能按照预期的方式处理。

TDD 有一个重要的理念,即编译失败也应该算作失败的测试。如果在测试中断言控制器应该返回一些数据,而控制器还没有创建,那也应该算是失败的测试。我们可通过创建控制器类、添加一个方法并返回恰好能够令测试通过的数据来让测试通过。接着,可继续通过展开更多测试进入"失败-通过-重复"这种循环的迭代过程。

循环所依赖的迭代过程很小,但持之以恒并形成习惯之后将可以极大地提高对代码的信心。对代码的信心是让快速、自动化的发布过程保持成功的关键。

如果想了解更多关于 TDD 的一般理论,推荐你阅读由 Kent Beck 所著的 *Test Driven Development*。这本书虽然有些年头了,但书中提出的概念直到现在依然成立。另外,如果有兴趣，可以了解本书的测试命名规则，它们源自微软 ASP.NET Core 工程师团队所采用的指南。

每一个单元测试方法都包含如下三个部分：

- 安排 (Arrange)　完成准备测试的必要配置。

- 执行 (Act)　执行被测试的代码。

- 断言 (Assert)　验证测试条件并确定测试是否通过。

这种"安排、执行、断言"模式是组织测试代码普遍的做法，但与其他模式一样，这只是一种推荐的做法，并非放之四海而皆准。

尽管接下来我们看到，第一个测试其实非常简单，却通常是最费时间的一个，因为编写第一个测试需要从零开始。第一个测试称为TeamListReturnsCorrectTeams。测试方法要做的第一件事就是验证我们能从控制器获得任意结果。最终要验证的一定会有更多，但我们需要找到一个起点，编写一个失败的测试。

首先，我们需要一个测试项目。它将是一个单独的模块，包含所有测试。按照微软的惯例，如果我们的程序集称为Foo，那么测试程序集就叫Foo.Tests。

在我们的例子里，我们为一个虚构的 Statler and Waldorf 公司开发应用。因此，我们的团队服务项目将称为 StatlerWaldorfCorp.TeamService，而测试项目就是 StatlerWaldorfCorp.TeamService.Tests。

为搭建项目，我们创建一个单独的根目录，其中包含主项目和测试项目。主项目位于 src/StatlerWaldorfCorp.TeamService 目录，而测试项目则位于test/StatlerWaldorfCorp.TeamService.Tests。开始时，我们只要重用上一章的 Program.cs 和 Startup.cs 模板，就可以直接编译了，然后就可以从测试模块中添加对它的引用。

代码清单 3-1 所示为我们将要开发的目录结构和文件，它展示了目标解决方案的大致轮廓。

代码清单3-1　团队服务的最终项目结构

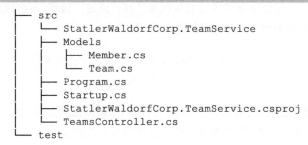

```
├── src
│   └── StatlerWaldorfCorp.TeamService
│       ├── Models
│       │   ├── Member.cs
│       │   └── Team.cs
│       ├── Program.cs
│       ├── Startup.cs
│       ├── StatlerWaldorfCorp.TeamService.csproj
│       └── TeamsController.cs
└── test
```

```
└── StatlerWaldorfCorp.TeamService.Tests
    ├── StatlerWaldorfCorp.TeamService.Tests.csproj
    └── TeamsControllerTest.cs
```

如果使用完整版的 Visual Studio，那么创建这样的项目结构十分简单；手动创建并编写相应的 .csproj 文件也不麻烦。我会继续强调的一点是，出于自动化和简单化考虑，所有这些工作都要能通过简单的文本编辑器和命令行工具完成。

那么，代码清单 3-2 包含的是 StatlerWaldorfCorp.TeamService.Tests 项目文件的 XML 内容。请特别注意其中的测试项目是如何把其他项目引用进来的，以及为什么不需要再次声明从主项目继承而来的依赖项。

代码清单 3-2　StatlerWaldorfCorp.TeamService.Tests.csproj

```xml
<Project Sdk="Microsoft.NET.Sdk">

  <PropertyGroup>
  <OutputType>Exe</OutputType>
    <TargetFramework>netcoreapp1.1</TargetFramework>
  </PropertyGroup>

  <ItemGroup>
    <ProjectReference
      Include
="../../src/StatlerWaldorfCorp.TeamService/StatlerWaldorfCorp.
TeamService.csproj"/>
    <PackageReference Include="Microsoft.NET.Test.Sdk"
      Version="15.0.0-preview-20170210-02" />
    <PackageReference Include="xunit"
      Version="2.2.0" />
    <PackageReference Include="xunit.runner.visualstudio"
      Version="2.2.0" />
  </ItemGroup>
</Project>
```

在创建控制器的测试和控制器之前，我们先创建 Team 模型类，如代码清单 3-3 所示。

代码清单 3-3　src/StatlerWaldorfCorp.TeamService/Models/Team.cs

```csharp
using System;
using System.Collections.Generic;

namespace StatlerWaldorfCorp.TeamService.Models
{
    public class Team {
        public string Name { get; set; }
        public Guid ID { get; set; }
        public ICollection<Member> Members { get; set; }

        public Team()
        {
            this.Members = new List<Member>();
```

```
        }

        public Team(string name) : this()
        {
            this.Name = name;
        }

        public Team(string name, Guid id) : this(name)
        {
            this.ID = id;
        }

        public override string ToString()
        {
            return this.Name;
        }
    }
}
```

由于在编译时，每个团队都将需要一系列成员对象，现在我们也把 Member 类创建出来，如代码清单 3-4 所示。

代码清单 3-4　src/StatlerWaldorfCorp.TeamService/Models/Member.cs

```
using System;

namespace StatlerWaldorfCorp.TeamService.Models
{
    public class Member {
        public Guid ID { get; set; }
        public string FirstName { get; set; }
        public string LastName { get; set; }

        public Member(){
        }

        public Member(Guid id) : this(){
            this.ID = id;
        }

        public Member(string firstName,
            string lastName, Guid id) : this(id){
                this.FirstName = firstName;
                this.LastName = lastName;
        }

        public override string ToString(){
            return this.LastName;
        }
    }
}
```

在一个纯粹的 TDD 世界中，我们应该先编写失败的测试，然后创建编译所需的其他类型。由于这里只涉及一些简单的模型对象，我不介意跳过其中一些步骤。

现在，创建第一个失败的测试，如代码清单 3-5 所示。

代码清单 3-5　test/StatlerWaldorfCorp.TeamService.Tests/TeamsControllerTest.cs

```
using Xunit;
using StatlerWaldorfCorp.TeamService.Models;
using System.Collections.Generic;

namespace StatlerWaldorfCorp.TeamService
{
    public class TeamsControllerTest
    {
        TeamsController controller = new TeamsController();

        [Fact]
        public void QueryTeamListReturnsCorrectTeams()
        {
            List<Team> teams = new List<Team>(
                controller.GetAllTeams());
        }
    }
}
```

要查看测试运行失败的效果，请打开一个终端并运行cd浏览到test/StatlerWaldorf.
TeamService.Tests目录，然后运行以下命令：

```
$ dotnet restore
...
$ dotnet test
...
```

dotnet test命令调用测试运行器并执行发现的所有测试。我们使用 dotnet restore 来确保
测试运行器拥有编译和运行期间需要的所有直接依赖和间接依赖。按照预期，如果测试
代码或被测项目无法编译，dotnet test命令应该会失败。

因为被测试的控制器尚未创建，所以测试项目无法通过编译。为让测试通过，需要向主项
目添加一个 TeamsController，如代码清单3-6所示。

代码清单 3-6　src/StatlerWaldorfCorp.TeamService/Controllers/TeamsController.cs

```
using System;
using Microsoft.AspNetCore.Hosting;
using Microsoft.AspNetCore.Builder;
using Microsoft.AspNetCore.Mvc;
using System.Collections.Generic;
using System.Linq;
using StatlerWaldorfCorp.TeamService.Models;

namespace StatlerWaldorfCorp.TeamService
{
    public class TeamsController {
        public TeamsController(){
```

```
        }

        [HttpGet]
        public IEnumerable<Team> GetAllTeams()
        {
            return Enumerable.Empty<Team>();
        }
    }
}
```

第一个测试通过后(它只断言了方法调用能够成功),需要添加一个新的、运行失败的断言。
在这里,我们希望检查从响应里获取的团队数目是正确的。由于暂时还没有创建模拟对
象,因此我们先随意选用一个数字:

```
List<Team> teams = new List<Team>(controller.GetAllTeams());
Assert.Equal(teams.Count, 2);
```

现在让我们通过在控制器里硬编码一些随机的逻辑,使测试通过。很多人喜欢跳过这一
步,因为他们太急躁,可能是喝多了咖啡,又或许他们并不完全认可TDD的迭代式风格。

你的生活里不需要这样的人。

只编写恰好能让测试通过的代码,这样的小迭代作为TDD规则的一部分,不光是一种
TDD运作方式,更能直接提高对代码的信心级别。我还发现,习惯只编写恰好能让测试通
过的代码能避免让API逻辑膨胀,促使我在测试期间对API和接口进行精炼。

代码清单3-7所示为更新后的TeamsController类,支持新的测试。

代码清单3-7 更新后的 src/StatlerWaldorfCorp.TeamService/Controllers/TeamsController.cs

```
using System;
using Microsoft.AspNetCore.Hosting;
using Microsoft.AspNetCore.Builder;
using Microsoft.AspNetCore.Mvc;
using System.Collections.Generic;
using System.Linq;
using StatlerWaldorfCorp.TeamService.Models;

namespace StatlerWaldorfCorp.TeamService
{
    public class TeamsController
    {
        public TeamsController(){
        }

        [HttpGet]
        public IEnumerable<Team> GetAllTeams()
        {
            return new Team[] { new Team("one"), new Team("two")};
        }
```

```
    }
}
```

对于一个操作集合又不需要参数的简单 GET 方法，我们可以做的反向断言测试并不多，所以接下来我们关注添加团队的方法。

测试过程中，需要查询团队列表；然后调用 CreateTeam 方法，接着再次查询团队列表。断言新的团队应该出现在列表中。

如果严格地遵照 TDD，除非是为了让测试通过，在此之前我们不应该提前修改代码。不过，为了节省书中代码的篇幅，我决定跳过这一过程。目前，我们的控制器还没有从基类继承，也没有返回任何可用于控制 HTTP 响应本身的工具(返回的是原始值)。

这种做法难以继续维持，所以需要改变定义控制器方法的方式，以体现出我们对这种新模式的期望，代码清单 3-8 所示为针对新模式编写的失败的测试(译者注：这里指的是，应该从 Microsoft.AspNetCore.Mvc.Controller 继承，并在控制器方法中返回 Task)。

代码清单 3-8　TeamsControllerTest.cs——CreateTeamAddsTeamToList 测试

```
[Fact]
public async void CreateTeamAddsTeamToList()
{
    TeamsController controller = new TeamsController();
    var teams =(IEnumerable<Team>)
        (await controller.GetAllTeams()as ObjectResult).Value;
    List<Team> original = new List<Team>(teams);

    Team t = new Team("sample");
    var result = await controller.CreateTeam(t);

    var newTeamsRaw =
        (IEnumerable<Team>)
            (await controller.GetAllTeams()as ObjectResult).Value;

    List<Team> newTeams = new List<Team>(newTeamsRaw);
    Assert.Equal(newTeams.Count, original.Count+1);
    var sampleTeam =
        newTeams.FirstOrDefault(
            target => target.Name == "sample");
    Assert.NotNull(sampleTeam);
}
```

这份代码的边角部分看起来有些粗糙，不过暂时问题不大。待测试通过后，就可以重构测试以及被测代码。

为了通过测试，需要在控制器里创建 CreateTeam 方法。一旦进入这一方法的讨论范围，就需要一种方法来存储团队。在真实世界的服务里，不应该在内存中存储数据，因为会违反云原生服务的无状态规则。

不过，出于测试目的，内存存储却很理想。因为利用它能够很容易地产生测试所需的各种状态。我们先创建一个空的CreateTeam方法，然后测试就可以通过编译了，但测试仍会运行失败。要想让它通过，我们需要一个仓储。

3.4.1　注入一个模拟的仓储

我们知道，接下来将不得不通过让测试套件操作控制器内部存储的方式让CreateTeamAddsTeamToList测试获得通过。通常，这一过程借助模拟对象，或注入伪实现，亦或结合两者来完成。

接下来创建一个接口来表示仓储，并重构控制器来使用它。此处略去了到达这一阶段之前的必要 TDD 迭代。

现在我们创建名为ITeamRepository的接口（如代码清单3-9所示），也就是测试创建伪实现时所用的接口，其最终也会由服务主项目在获取真实的存储介质时用到，不过暂时我们不去实现它。请记住，不要编写让失败的测试通过的过程中用不到的代码。

代码清单 3-9　src/StatlerWaldorfCorp.TeamService/Persistence/ITeamRepository.cs

```
using System.Collections.Generic;

namespace StatlerWaldorfCorp.TeamService.Persistence
{
    public interface ITeamRepository {
        IEnumerable<Team> GetTeams();
        void AddTeam(Team team);
    }
}
```

很容易发现，AddTeam方法可返回比void更有价值的信息，不过目前我们还不需要。所以，我们在服务主项目中为这一仓储接口创建基于内存的实现，如代码清单 3-10 所示。

代码清单 3-10　src/StatlerWaldorfCorp.TeamService/Persistence/MemoryTeamRepository.cs

```
using System.Collections.Generic;

namespace StatlerWaldorfCorp.TeamService.Persistence
{
    public class MemoryTeamRepository : ITeamRepository {
        protected static ICollection<Team> teams;

        public MemoryTeamRepository(){ if(teams == null){
            teams = new List<Team>(); }
        }

        public MemoryTeamRepository(ICollection<Team> teams){
            teams = teams;
        }
```

```
        public IEnumerable<Team> GetTeams(){
            return teams;
        }

        public void AddTeam(Team t){
            teams.Add(t);
        }
    }
}
```

如果你看到代码中把静态集合作为类的私有成员时有所疑虑,这是一件好事情——当看到一段代码时,当然应该尝试检查代码中的腐坏气味。不过,这也超出了恰好够让测试通过所需代码的范围。如果尝试将这个类用于测试之外的其他用途,就应该在测试套件完成之后,再开展多轮重构。

向控制器里注入接口实际上相当容易。ASP.NET Core 已经配备了一个具有作用域功能的依赖注入(Dependency Injection, DI)系统。借助 DI 系统,我们将通过Startup类把仓储添加为DI 服务,如下面的代码片段所示:

```
public void ConfigureServices(IServiceCollection services)
{
    services.AddMvc();
    services.AddScoped<ITeamRepository, MemoryTeamRepository>();
}
```

利用这种 DI 服务模型,现在我们可以在控制器里使用构造函数注入,而 ASP.NET Core 则会自动把仓储的实例添加到所有依赖它的控制器里。

我们使用了AddScoped方法是因为希望 DI 子系统为每个请求都创建新的仓储实例。在目前,我们还没有具体确定实际的后端仓储将是什么——SQL Server、文档数据库甚至可能是另一个微服务。但我们明确的是,当前这个微服务必须是无状态的,而最佳的实现方式就是使用为每个请求都重新创建的仓储,并且只在没有其他替换选项时才改为单例。

属性注入与构造函数注入

关于哪种注入方式最好这样的争论将继续发酵,也许要直到人类不再编写代码之后很久才会停歇。我更喜欢构造函数注入,因为它让类的依赖变得明显。不需要什么魔法技术,也不需要花精力寻找和识别,并且使用构造函数注入时更容易使用模拟和桩对象进行测试。

既然有了能用作仓储的类,我们现在就来修改控制器,通过给构造函数添加一个简单参数就把它注入进来:

```
public class TeamsController : Controller
{
    ITeamRepository repository;

    public TeamsController(ITeamRepository repo)
    {
        repository = repo;
    }

    ...
}
```

把参数用于依赖注入并不需要添加什么特性或注解。这可能看起来微不足道,但在处理大型代码库时,我非常喜欢这个特性。

现在,可修改现有的控制器方法,将使用仓储,而不是返回硬编码数据:

```
[HttpGet]
public async virtual Task<IActionResult> GetAllTeams()
{
    return this.Ok(repository.GetTeams());
}
```

接下来可以回到测试模块,往仓储中预先填充一些测试团队(测试需要两个团队)即可让现有测试通过。测试中,集合的 getter 方法总使用由我们提供给仓储的值,因此断言十分可靠。

有必要重申,控制器测试的目标只包括测试控制器的职责。在此处,这意味着我们的测试只确保仓储上正确的方法会被调用即可。可以用一个模拟框架来避免为测试创建自定义的仓储,但这个内存实现太简单了,也就不必花费额外的精力去使用模拟了。

模拟框架

虽然在本书中,我并不经常用到模拟对象,但我体验过 .NET Core 上不同的模拟框架。在撰写本书时,我最喜欢的是 Moq,但也请自行探索并找到一款适合你的框架。请记住,使用工具的基本准则也适用于类库。它们应该能让生活更轻松,但不应该依赖于它们。如果编写测试时必须用到复杂的模拟对象,而不能用简单的伪实现替代,很可能类的设计就需要重构了。

3.4.2 完成单元测试套件

这里不打算占用书中太多的篇幅来列出测试的所有代码。为了完成测试套件,我们要继续完成迭代过程:在每个迭代中,先添加失败的测试,然后编写恰好足够的代码使测试通过。

可从 GitHub 的 master 分支找到测试集的完整代码。

使用 TDD 编写的代码的部分功能概要如下：

- 不应该向不存在的团队添加成员
- 向现有团队添加一个成员，并通过查询团队的详细信息进行验证
- 从现有团队移除一个成员，并通过查询团队的详细信息进行验证
- 如果成员不属于某个团队，就不应该从该团队移除该成员

从这些测试中，可以注意到一个情况，它们并未确定持久存储团队及其成员的内部方式。当前的设计中，不支持用 API 单独地访问人员信息；而需要通过团队来访问他们。未来也许我们需要改变这一行为，但目前而言，这就是我们期望的功能。因为一个正常工作的产品可以被重构，而空想出来的完美产品却不能。

要立即查看这些这些测试的效果，请先编译服务主项目，然后转到 test/StatlerWaldorfCorp. TeamService.Tests 目录，并运行下列命令：

```
$ dotnet restore
...
$ dotnet build
...
$ dotnet test
Build started, please wait...
Build completed.

Test run for /Users/kevin/Code/microservices-aspnetcore/ \
teamservice/test/StatlerWaldorfCorp.TeamService.Tests/bin/Debug/ \
netcoreapp1.1/StatlerWaldorfCorp.TeamService.Tests.dll(
.NETCoreApp,Version=v1.1)
Microsoft(R)Test Execution Command Line Tool Version 15.0.0.0
Copyright(c)Microsoft Corporation.  All rights reserved.

Starting test execution, please wait...
[xUnit.net 00:00:01.1279308]   Discovering: StatlerWaldorfCorp.TeamService.Tests
[xUnit.net 00:00:01.3207980]   Discovered:  StatlerWaldorfCorp.TeamService.Tests
[xUnit.net 00:00:01.3977448]   Starting:    StatlerWaldorfCorp.TeamService.Tests
[xUnit.net 00:00:01.6546338]   Finished:    StatlerWaldorfCorp.TeamService.Tests

Total tests: 18. Passed: 18. Failed: 0. Skipped: 0.
Test Run Successful.
Test execution time: 2.5591 Seconds
```

令人欣慰的是，看起来所有 18 个测试都运行通过了！

3.5 创建持续集成流水线

有测试固然是好,但如果测试没有在有人往分支里提交代码时持续运行,就不能给任何人带来好处。无论团队规模或地理区域如何,持续集成都是快速交付新功能和修复问题的关键。

上一章创建了一个 Wercker 账号,还体验了使用 Wercker 命令行和 Docker 来自动对应用进行测试和部署的所有必要步骤。现在,为这个具有完整单元测试的代码库搭建一个自动化构建流水线应该相当简单。

我们来看看团队服务的 wercker.yml,如代码清单 3-11 所示。

代码清单 3-11　wercker.yml

```yaml
box: microsoft/dotnet:1.1.1-sdk
no-response-timeout: 10
build:
  steps:
    - script:
        name: restore
        cwd: src/StatlerWaldorfCorp.TeamService
        code: |
          dotnet restore
    - script:
        name: build
        cwd: src/StatlerWaldorfCorp.TeamService
        code: |
          dotnet build
    - script:
        name: publish
        cwd: src/StatlerWaldorfCorp.TeamService
        code: |
          dotnet publish -o publish
    - script:
        name: test-restore
        cwd: test/StatlerWaldorfCorp.TeamService.Tests
        code: |
          dotnet restore
    - script:
        name: test-build
        cwd: test/StatlerWaldorfCorp.TeamService.Tests
        code: |
          dotnet build
    - script:
        name: test-run
        cwd: test/StatlerWaldorfCorp.TeamService.Tests
        code: |
          dotnet test
    - script:
        name: copy binary
        cwd: src/StatlerWaldorfCorp.TeamService
        code: |
```

```
              cp -r . $WERCKER_OUTPUT_DIR/app
  deploy:
    steps:
      - internal/docker-push:
          cwd: $WERCKER_OUTPUT_DIR/app
          username: $USERNAME
          password: $PASSWORD
          repository: dotnetcoreservices/teamservice
          registry: https://registry.hub.docker.com
          entrypoint: "/pipeline/source/app/docker_entrypoint.sh"
```

首先要注意的是配置中对环境盒的选择。它需要一个来自 docker hub 的镜像，而且包含
.NET Core 命令行工具。这里选用 microsoft/dotnet:1.1.1-sdk。根据你阅读本书时的最新
版本，环境盒可能会变化。所以请确保检查微软官方在 docker hub 上的仓库获取最新标签，
并检查本书的 GitHub 仓库来查看测试所用的环境盒。

有些情形中，我们可跳过其中某些步骤，直接进入测试阶段，但是如果某个步骤可能运行
失败，我们就希望它尽可能地小，以便进行诊断。如果安装了 Wercker CLI 和 Docker，且
Docker 处于运行状态，只需要执行本章的 GitHub 库中的 buildlocal.sh 脚本就能在开发机
器上运行所有构建步骤。脚本中包含这些代码，可在本地执行与 Wercker 在远端执行的
相同构建过程：

```
  rm -rf _builds _steps _projects _cache _temp
  wercker build --git-domain github.com \
      --git-owner microservices-aspnetcore \
      --git-repository teamservice
  rm -rf _builds _steps _projects _cache _temp
```

3.6　集成测试

我所找到的有关集成测试最权威的定义认为它是一种把单独的组件拼合到一起，并以分
组方式测试它们的测试阶段。这一阶段在单元测试之后，在验证测试（也称为验收测试）
之前。

这一定义包含一些重要细节。单元测试验证模块的功能与预期相符。集成测试不应该以
验证系统能够给出正确结果为目的；而应该以验证系统中所有组件都连接良好，系统给出
的响应合乎情理为目的。换句话说，如果使用已经由单元测试覆盖了的组件进行复杂计
算，那么在集成测试中就不需要对这些组件进行重新测试了。集成测试应该只是简单地
验证对服务的调用能够成功，能触发正确的 RESTful 端点，能调用上述复杂的计算组件，
并能获得合理的响应。

集成测试最困难的部分之一经常位于启动 Web 宿主机制的实例时所需的技术或代码上，
我们在测试中需要借助 Web 宿主机制收发完整的 HTTP 消息。

庆幸的是，这一问题已由Microsoft.AspNetCore.TestHost.TestServer类解决。可实例化这个类，按需要定制选项，然后用它创建一个与测试服务器交互的HttpClient对象，并预置在测试中。这两个类的创建工作通常在集成测试的构造函数中完成，如下面的代码片段所示：

```
testServer = new TestServer(new WebHostBuilder()
                .UseStartup<Startup>());
testClient = testServer.CreateClient();
```

注意这里用到的Startup类与服务主项目中所用的完全相同。这意味着，依赖注入的装配、配置源，以及DI中注册的服务将完全与运行真实服务时保持一致。

有了测试服务器和测试客户端，就可以对不同的场景进行测试了，例如向团队集合中添加一个团队并查询结果以确保它出现在结果中。这让我们有机会完整体验JSON序列化的过程，并完全以外部消费方的视角使用服务，如代码清单3-12所示。

代码清单3-12 test/StatlerWaldorfCorp.TeamService.Tests.Integration/SimpleIntegrationTests.cs

```
public class SimpleIntegrationTests
{
    private readonly TestServer testServer;
    private readonly HttpClient testClient;

    private readonly Team teamZombie;

    public SimpleIntegrationTests()
    {
        testServer = new TestServer(new WebHostBuilder()
            .UseStartup<Startup>());
        testClient = testServer.CreateClient();

        teamZombie = new Team(){
            ID = Guid.NewGuid(),
            Name = "Zombie"
        };
    }

    [Fact]
    public async void TestTeamPostAndGet()
    {
        StringContent stringContent = new StringContent(
            JsonConvert.SerializeObject(teamZombie),
            UnicodeEncoding.UTF8,
            "application/json");

        HttpResponseMessage postResponse =
            await testClient.PostAsync(
            "/teams",
          stringContent);
        postResponse.EnsureSuccessStatusCode();
```

```
var getResponse = await testClient.GetAsync("/teams");
getResponse.EnsureSuccessStatusCode();

string raw = await getResponse.Content.ReadAsStringAsync();
List<Team> teams =
    JsonConvert.DeserializeObject<List<Team>>(raw);

Assert.Equal(1, teams.Count());
Assert.Equal("Zombie", teams[0].Name);
Assert.Equal(teamZombie.ID, teams[0].ID);
        }
    }
```

对测试的效果感到满意后,还可继续添加更多复杂场景来保障各个场景都能受到支持,并且工作正常。

待集成测试一切就绪后,就可以更新 wercker.yml、向其中添加用于执行集成测试的脚本指令了:

```
- script:
      name: integration-test-restore
      cwd: test/StatlerWaldorfCorp.TeamService.Tests.Integration
      code: |
        dotnet restore
  - script:
      name: integration-test-build
      cwd: test/StatlerWaldorfCorp.TeamService.Tests.Integration
      code: |
        dotnet build
  - script:
      name: integration-test-run
      cwd: test/StatlerWaldorfCorp.TeamService.Tests.Integration
      code: |
dotnet test
```

对于类似于这样的简单服务,为集成测试创建独立的项目、使用独立的 CI 流水线及构建步骤看起来像是一种不必要的麻烦。

但是,即使是非常小的项目,在其中养成的开发习惯和实践方法长期坚持下来也会带来回报。这还只是好处之一。如果到了某个阶段,我们构建的服务需要依赖其他服务,在集成测试中我们就需要启动那些服务的多个版本。我们希望有一种能力,有必要时,在流水线中能选择性地只运行单元测试或只运行集成测试,这样就有一个"慢构建"以及一个"快构建"。此外,以独立的项目区分出集成测试能带来稍微更多的整洁度和组织性——我过去所编写的一些集成测试已经变得相当庞大,当它要针对复杂的服务组装测试数据和期待的 JSON 响应正文时更是如此。

3.7 运行团队服务的 Docker 镜像

现在团队服务的 CI 流水线运转了起来，它应该能自动将 Docker 镜像部署到 docker hub。用这个 Docker 镜像，我们就可以把它部署到 AWS、Google 云、微软 Azure 云或者普通的虚拟机上。我们可以用 Docker Swarm、Kubernetes 对镜像进行编排，或者把它推送到 Cloud Foundary。

我们几乎有无数选项，这得益于选用了 Docker 镜像作为部署发布物。

下面用一个你现在应该已经十分熟悉的命令来运行它：

```
$ docker run -p 8080:8080 dotnetcoreservices/teamservice
Unable to find image 'dotnetcoreservices/teamservice:latest' locally
latest: Pulling from dotnetcoreservices/teamservice
693502eb7dfb: Already exists
081cd4bfd521: Already exists
5d2dc01312f3: Already exists
36c0e9895097: Already exists
3a6b0262adbb: Already exists
79e416d3fe9d: Already exists
d96153ed695f: Pull complete
Digest: sha256:fc3ea65afe84c33f5644bbec0976b4d2d9bc943ddba997103dd3
fb731f56ca5b Status: Downloaded newer image for dotnetcoreservices/
teamservice:latest Hosting environment: Production
Content root path: /pipeline/source/app/publish
Now listening on: http://0.0.0.0:8080
Application started. Press Ctrl+C to shut down.
```

端口映射之后，就可以用http://localhost:8080作为服务的主机名。下面的curl命令会向服务的/teams资源发送一个POST请求（如果无法使用curl，我强烈推荐Chrome 里的Postman 插件）。根据测试需求说明，它应该返回一个包含了新创建团队的JSON 正文：

```
$ curl -H  "Content-Type:application/json" \ -X POST -d \
    '{"id":"e52baa63-d511-417e-9e54-7aab04286281", \
    "name":"Team Zombie"}' \
    http://localhost:8080/teams
{"name":"Team Zombie","id":"e52baa63-d511-417e-9e54-7aab04286281",
    "members":[]}
```

注意上面片段中的响应部分，其中members属性是一个空集合。为确定服务在多个请求之间能够维持状态（即使目前还只是基于内存列表实现），我们可以使用下面的 curl 命令：

```
$ curl http://localhost:8080/teams
[{"name":"Team Zombie", "id":"e52baa63-d511-417e-9e54-7aab04286281",
    "members":[]}]
```

成功！我们已经拥有了一个功能完备的团队服务，每次 Git 提交都将触发自动化测试，将自动部署到 docker hub，并为云计算环境的调度做好准备。

3.8　本章小结

在本章，我们向使用 ASP.NET Core 开发真实微服务的方向迈出了第一步。探讨了微服务的定义，并讨论了 API 优先的概念，以及为什么它对于培养良好的纪律与习惯必不可少。

最后，我们以测试优先的风格开发了一个示例服务，并在为服务实施自动化测试、构建和部署的过程中，探讨了一些工具。

在接下来的章节里，随着开发的服务更复杂、更强大，我们会继续拓展这些技能。

第 4 章

后端服务

在第 3 章，我们用 ASP.NET Core 构建了第一个微服务。这个微服务基于一个内存仓储公开了几个简单端点，向消费方提供查询和操作团队及团队成员的能力。这个微服务作为入门项目还可以，但距离一个生产级服务还相差甚远。

在本章，我们将首次进入微服务生态系统内部。现实中的服务不可能处于真空之中，大多数服务都需要与其他服务通信才能完成功能。我们将这些支持性服务称为后端服务，接下来将通过创建一个新的服务并修改之前的团队服务与这个服务通信，以探索如何创建并消费后端服务。

4.1　微服务生态系统

在第 3 章我们看到，在 HTTP 服务器上托管 RESTful 资源相当简单：快速配置几个中间件就可以实现。不过这些只是实现细节。微服务生态系统设计的真正挑战在于，在一个由内部相互连接的服务所形成的巨大网络中，每个服务都有自己的发布周期，要能够自行部署，并且可以按需横向缩放。

为此，我们需要对当前的工作加以考虑。经典的 "Hello World" 示例都是在真空中开发的，不依赖其他任何服务，但在生产环境中我们却很难见到孤立的服务（少数例外情形）。这正是前一章讨论 API 优先概念背后的动机。

就算接受了一定需要多个服务的现实，我们往往还是容易将问题想得太简单。我们以为服务的依赖链会像图 4-1 所示的那样漂亮、笔直、易于跟踪。

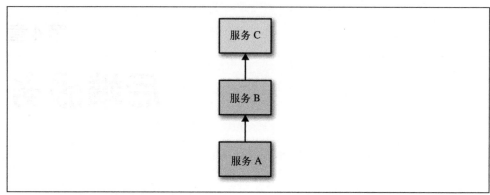

图4-1　过于最简单的微服务生态系统

在这种完全不真实的场景中，服务A依赖服务B，而服务 B 再依赖服务C。一旦用这种清晰的层级关系来理解服务之间的关系，很多组织就经常面向这类服务去设想其开发、部署和支持流程。这种设想很危险，因为他们会在组织中按这种思路持续推行，直到它们不再是设想为止——它们会变成要求。

永远不要去设想依赖链与层级关系会是清晰的。相反，应该为类似图4-2的状况做好准备。

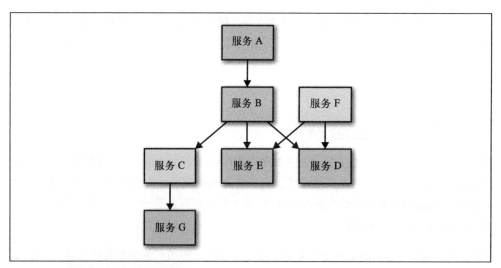

图4-2　更真实的微服务生态系统

这个生态系统更好地展示了真实情况。而且，即使是这幅图，与一些开发、维护着成百上千个服务的企业相比，也是微不足道的。在一些更复杂情形中，图中某些线可能代表传统的 HTTP 调用，而其他的则可能代表异步的、类似事件溯源风格的通信(将在第 6 章讨论)。

4.1.1　资源绑定

我们开发的所有应用程序都需要资源。按照传统做法,应用和服务被部署到特定的服务器(虚拟或物理服务器),我们习惯于应用会依赖文件、磁盘这些设施。这些应用还需要配置、凭据、用于访问其他服务的 URL,以及大量的其他依赖,这些依赖将应用与它们运行所在的服务器紧密地耦合在一起。

当服务要在云上运行时,就需要多用一些抽象思维来开发应用。应用所需的所有资源都应该被视为绑定的资源,并以一种不违反云原生规则的方式由应用访问。

举例来说,如果应用需要读写二进制文件,我们不应该假定可以用System.IO.File从磁盘读写字节。这是因为在云上,磁盘应该被视为临时存续资源,它可能在应用察觉之前就被完全移除了。这是支持我们的应用实现快速动态缩放的能力之一——实例可能在不同的位置按照需要启停。如果应用期望文件在两个请求或进程启停之间存在于磁盘,就会出现不可预料的甚至是灾难性的失效。

解决方法是把所有依赖(包括文件系统)都视为服务。后端服务是通过某种机制绑定到应用上的,而这种机制又可以由云设施(PaaS)管理。与打开一个文件不同,我们与泛化的存储服务通信。可以是某种自建服务,也可以是Amazon云的S3存储桶,或者可以是其他第三方的存储服务。

似乎最常见一种资源绑定就是数据库连接了。在数据库资源的绑定过程中,其包含的信息我们都很熟悉,例如连接字符串和登录凭据。我们在第5章会接触更多关于资源绑定与数据库连接的内容。

最后,在本章的示例中我们会发现,其他微服务也是绑定的资源。当前服务所依赖的服务的 URL 及凭据也应该被视为资源绑定信息的构成部分。

这里需要指出,资源绑定的概念其实是一种抽象,而具体实现可能根据应用托管所在的云平台而有所差异。服务的绑定信息可能直接来自从平台注入的环境变量,或者来自外部的配置提供设施。

不管使用Google云平台、AWS、Azure、Heroku,或只是手动启动的几个Docker镜像,让服务之间能够互通信的关键就是外部配置,并将所有依赖都视为绑定的资源。

4.1.2　服务间模型共用的策略

一个环境要被称为微服务生态系统,有一些必备要素。首先,需要有一个以上的服务。其次,该生态系统中的服务之间应该相互通信。如果不满足第二条,即使有多个服务也只能算是一些孤立的、彼此不相关的服务。

如果要严格遵循云原生的关于 API 优先的最佳实践，那么所有服务提供的公共 API 都应该文档良好、版本化管理，并易于理解。我们可以用 Swagger 之类的 YAML 标准为 API 写文档，也可以使用基于 Markdown 的工具，例如 API Blueprint。为 API 定义并编写文档并不像在 API 编码实现之前的设计过程要求那么严格。

由于设计良好、版本化管理的 API 不会破坏上层应用，这时生态系统中的服务就可以由不同的团队实现。这些服务 API 的消费过程就变成只需要编写一些简单的 REST 客户端。

如果确实如此简单，那我们还何必专门开辟章节来讨论模型共用？实际上，当人们按照 API 优先的规则构建生态系统时，他们的 API 边界常常变得含糊不清。

团队在项目早期做出的一些架构决策带来的问题经常在未来很久才被发现，那时再想解决已然失控的局面，其代价可能十分高昂。

举个例子，假如产品里有两个服务都要操作发票。其中一个服务从队列中取出发票信息，完成处理之后将经过更新的发票提交给下游的另一个服务。

如果只是纸上谈兵，我们很容易就能给出建议："只要把发票模型提取出来，在服务之间共用就行了"。这个方法听起来不错，曾被大量地运用，以至于成为具名模式，常被称为标准模型(Canonical Model)模式。

几个月很快过去，两个服务的开发人员一直在增加新功能。发票模型及其验证规则，反序列化代码已被愉快地提取为一个公用模块。由于这种做法很简单，也确实能解决问题，两个服务最终都基于标准的或公共的模型完成了对应的内部处理。

这时，如果其中一个服务要修改模型以迁就本该作为内部逻辑的功能，另一个服务就会受到影响，而最终可能表现为构建和测试失败。服务也就失去了坚守独立性可以带来的灵活性，标准模型不但不会带来灵活性，反而导致紧耦合，并阻碍团队的独立部署计划。

想让标准模型免受内部逻辑污染也是完全可能的，但基于维护标准模型的纯粹性出发，一定要严格要求服务在内部使用内部模型，并构建用于模型之间相互转换的防腐层(Anti-Corruption Layer, ACL)。这种做法常被认为费力不讨好，所以不少团队无视这一纪律并最终陷入内部模型与公共模型紧密耦合的境地，当越来越多的服务使用这种反模式时，后果会更糟。

换句话说，两个共用内部模型的服务之间耦合的紧密性，与它们共同位于同一单体之中的情况并无二致。

基于多年开发软件、收拾遗留软件残局的经验，我认为，真正的答案是，完全不共用。微服务是单一职责原则(Single Responsibility Principle, SRP)和里氏替换原则(Liskov

Substitution Principle, LSP)的集中体现。对单个服务的修改,不应该对任何其他服务产生任何影响。对服务内部模型的修改不应该破坏服务公开的 API 和外部模型。

最后,在进入本章的代码细节之前,我想引用 Sam Newman 有关微服务之间共用信息的危害的名言:

服务之间过多耦合的害处比代码重复带来的问题还要深远得多。

——Sam Newman,《微服务设计》

4.2　开发位置服务

在第 3 章,我们编写了一些代码,简要示范了一个可用于管理团队信息的服务。它支持查询团队和团队成员信息,还可以向团队添加成员。

我们决定接下来维护并查询团队成员的位置信息。我们希望最终能以某种方式集成地图功能,所以第一步我们需要升级团队服务以包含位置功能。

但这样的思路真的正确吗?表面看来,只需要在团队成员服务所用的数据存储里添加一个 location 字段,这倒着实简单。以这种方式修改,变更工作的编写很快就可以完成。

但如果我们在不久的将来决定要改变位置信息的管理方式,但不希望影响团队成员的管理方式,会怎样呢?一些人以为把所有的位置数据转换为图数据库就能解决问题。可只要位置和团队成员存在于同一个微服务中,我们就违反了 SRP,这样每次在修改位置管理功能时都必然导致团队服务的变化。

把位置管理的职责独立到专门的服务之中显得更合理。这个服务将管理单个成员的历史位置信息(不管他们是不是团队的成员)。我们可以为人物添加位置事件、查询其历史位置;还可为每个存有位置信息的个人查询当前位置。

按照API策略和测试先行的开发模式,表4-1列出了位置服务公开的API。在这个新的领域,团队成员就是团队管理应用的用户。

表 4-1　位置服务的 REST API

资源	方法	描述
/locations/{memberID}/latest	GET	获取团队成员的当前位置
/locations/{memberID}	POST	为团队成员添加一条位置记录
/locations/{memberID}	GET	获取团队成员的历史位置

如果想浏览解决方案的完整代码,可转到 GitHub,并切换到 no-database 分支。

首先创建一个模型类来表示位置记录，也就是团队成员在某处位置被"发现"时，或者他的移动设备报告当前位置(代码清单4-1)时所产生的事件记录。

代码清单 4-1　src/StatlerWaldorfCorp.LocationService/Models/LocationRecord.cs

```
public class LocationRecord {
    public Guid ID { get; set; }
    public float Latitude { get; set; }
    public float Longitude { get; set; }
    public float Altitude { get; set; }
    public long Timestamp { get; set; }
    public Guid MemberID { get; set; }
}
```

每一条位置记录都由一个GUID 类型的 ID唯一标识。记录包含有经纬度和海拔的一系列坐标、事件发生时的时间戳，以及事件来源者的GUID(即memberID)。

接下来，我们需要一个接口来表示位置信息仓储的契约(代码清单4-2)。在本章，我们的仓储只是一个简单的内存系统。下一章会讨论把它替换为真实数据库的过程。

代码清单 4-2　src/StatlerWaldorfCorp.LocationService/Models/ILocationRecordRepository.cs

```
public interface ILocationRecordRepository {
    LocationRecord Add(LocationRecord locationRecord);
    LocationRecord Update(LocationRecord locationRecord);
    LocationRecord Get(Guid memberId, Guid recordId);
    LocationRecord Delete(Guid memberId, Guid recordId);
    LocationRecord GetLatestForMember(Guid memberId);
    ICollection<LocationRecord> AllForMember(Guid memberId);
}
```

在有了模型、仓储接口和仓储实现(简单地通过包装一个集合即可实现，所以为了节省书中的篇幅，我将代码放在GitHub)之后，我们要创建用于公开这个公共API的控制器。与其他控制器一样，它量级极轻，所有实际工作都交给单独、可测试的组件去完成。代码清单4-3中的代码显示控制器通过构造器注入的方式接收一个 ILocationRecordRepository 实例。

代码清单 4-3　src/StatlerWaldorfCorp.LocationService/Controllers/ LocationRecordController.cs

```
[Route("locations/{memberId}")]
public class LocationRecordController : Controller {
    private ILocationRecordRepository locationRepository;

    public LocationRecordController(
        ILocationRecordRepository repository) {
        this.locationRepository = repository;
    }

    [HttpPost]
    public IActionResult AddLocation(Guid memberId,
        [FromBody]LocationRecord locationRecord) {
```

```
        locationRepository.Add(locationRecord);
        return this.Created(
            $"/locations/{memberId}/{locationRecord.ID}",
            locationRecord);
    }

    [HttpGet]
    public IActionResult GetLocationsForMember(Guid memberId) {
        return this.Ok(locationRepository.AllForMember(memberId));
    }

    [HttpGet("latest")]
    public IActionResult GetLatestForMember(Guid memberId) {
        return this.Ok(
            locationRepository.GetLatestForMember(memberId));
    }
}
```

要让依赖注入能够提供仓储，只需要在启动期间把它添加为具有特定生命周期的服务，如代码清单4-4所示。

代码清单4-4　Startup.cs

```
public void ConfigureServices(IServiceCollection services) {
    services.AddScoped<ILocationRecordRepository,
                       InMemoryLocationRecordRepository>();
    services.AddMvc();
}
```

在进入下一节之前，我建议你亲自对位置服务进行构建和测试。从GitHub获取最新的代码，并执行下面的命令：

```
$ cd src/StatlerWaldorfCorp.LocationService
$ dotnet restore
...
$ dotnet build
```

需要注意，GitHub上的代码不止一个分支。本章所需的代码只有一个内存仓储，位于 no-database分支。如果切换到master分支，看到的其实是为下一章准备的代码。

运行应用的方法为：

```
$ dotnet run
Hosting environment: Production
Content root path: [...]
Now listening on: http://localhost:5000
Application started. Press Ctrl+C to shut down.
```

服务器启动运行后，我们可使用下面的语法以POST方式创建新的位置记录。注意，为了提高可读性，我添加了一些换行，在输入curl命令时，所有内容都应该在同一行。

```
$ curl -H "Content-Type: application/json" -X POST
    -d '{"id": "55bf35ba-deb7-4708-abc2-a21054dbfa13", \
         "latitude": 12.56, "longitude": 45.567, \
         "altitude": 1200, "timestamp" : 1476029596, \
         "memberId": "0edaf3d2-5f5f-4e13-ae27-a7fbea9fccfb" }'
     http://localhost:5000/locations/0edaf3d2-5f5f-4e13-ae27-a7fbea9fccfb

{"id":"55bf35ba-deb7-4708-abc2-a21054dbfa13",
   "latitude":12.56,"longitude":45.567,
   "altitude":1200.0,"timestamp":1476029596,
   "memberID":"0edaf3d2-5f5f-4e13-ae27-a7fbea9fccfb"}
```

在响应里，我们收到了由自己提交的位置信息，这证明新的记录已创建成功。现在我们可使用下面的命令查询团队成员的历史位置信息(使用与前述命令相同的 memberId)：

```
$ curl http://localhost:5000/locations/0edaf3d2-5f5f-4e13-ae27-a7fbea9fccfb

    [
    {"id":"55bf35ba-deb7-4708-abc2-a21054dbfa13",
        "latitude":12.56,"longitude":45.567,"altitude":1200.0,
        "timestamp":1476029596,
        "memberID":"0edaf3d2-5f5f-4e13-ae27-a7fbea9fccfb"}
    ]
```

很不错，我们的位置服务工作正常！接下来，我们可以着手更新团队服务了。

4.3　优化团队服务

位置服务已经创建完成，下面我们来扩展上一章创建的团队服务。在接下来对服务的修改中，我们希望在查询特定团队成员的详细信息时，要包含他们最新的位置以及签入时间。

实现这一功能，有两个主要步骤：

(1) 将位置服务的 URL 绑定到团队服务。

(2) 使用 URL 消费位置服务。

要查看优化后的团队服务的完整实现，可在团队服务的代码库中转到location分支。

4.3.1　使用环境变量配置服务的 URL

前面提到，将后端服务的连接信息"绑定"到应用的方法有很多。这个过程中要记住的最重要的一点是这些信息必须来自运行环境(而不是签入的代码)。

最简单的实现方式就是在appsettings.json文件中设置一个合适的默认值，然后允许用环

境变量覆盖这些默认值。默认值仅用于简化本地机器上的代码开发工作,而绝不应该照搬到真实环境中:

```
{
    "location": {
        "url": "http://localhost:5001"
    }
}
```

有了上面的配置,我们就可以用名为 LOCATION__URL 的环境变量覆盖它的值了。注意环境变量的名称里的两个下画线。不管变量的值在运行环境中以怎样的方式设置,我们都可以用location:url作为配置查询它的值,这得益于 ASP.NET Core 的配置系统为层级化数据构建的统一抽象机制。

现在,在启动类(Startup)中,我们可用正确的 URL 注册一个 HttpLocationClient 实例了(我们很快就能看到这个类的实现):

```
var locationUrl = Configuration.GetSection("location:url").Value;
logger.LogInformation("Using {0} for location service URL.",
    locationUrl);
services.AddSingleton<ILocationClient>(
    new HttpLocationClient(locationUrl));
```

由于只涉及单个保持不变的 URL,这种由环境变量注入的配置十分简单。在后续章节,我们将讨论更多强大的应用配置方法。

4.3.2 消费 RESTful 服务

现在,在掌握了如何借助配置的优先级用环境变量覆盖文件配置后,我们就可以专注于实现位置服务的客户端了,它用于直接与位置服务交互。

由于需要对团队服务中的控制器方法进行单元测试,并且在测试过程中不发出 HTTP 请求,我们要先为位置服务的客户端创建接口(代码清单 4-5)。

代码清单 4-5　src/StatlerWaldorfCorp.TeamService/LocationClient/ILocationClient.cs

```
public interface ILocationClient {
    Task<LocationRecord> GetLatestForMember(Guid memberId);
}
```

而代码清单4-6中位置服务客户端的实现,则只发送一些简单的HTTP请求。注意客户端所连接的URL是由构造函数传入的,在前面的Startup类中我们已见到传值的过程。

代码清单 4-6　src/StatlerWaldorfCorp.TeamService/LocationClient/HttpLocationClient.cs

```
using System;
using System.Net.Http;
```

```
using System.Net.Http.Headers;
using System.Threading.Tasks;
using StatlerWaldorfCorp.TeamService.Models;
using Newtonsoft.Json;

namespace StatlerWaldorfCorp.TeamService.LocationClient
{
    public class HttpLocationClient : ILocationClient
    {
        public String URL {get; set;}

        public HttpLocationClient(string url)
        {
            this.URL = url;
        }

        public async Task<LocationRecord>
            GetLatestForMember(Guid memberId)
        {
            LocationRecord locationRecord = null;

            using (var httpClient = new HttpClient())
            {
                httpClient.BaseAddress = new Uri(this.URL);
                httpClient.DefaultRequestHeaders.Accept.Clear();
                httpClient.DefaultRequestHeaders.Accept.Add(
                    new MediaTypeWithQualityHeaderValue(
                        "application/json"));

                HttpResponseMessage response =
                    await httpClient.GetAsync(
                        String.Format("/locations/{0}/latest",
                            memberId));

                if (response.IsSuccessStatusCode) {
                    string json =
                        await response.Content.ReadAsStringAsync();
                    locationRecord =
                        JsonConvert
                            .DeserializeObject<LocationRecord>(json);
                }
            }

            return locationRecord;
        }
    }
}
```

有了位置服务的客户端，现在我们可修改团队服务中负责查询成员详细信息的控制器方法了。上一章没有直接涉及这个控制器的代码，如果尚未编写，可以去GitHub仓库找一份来用。

下面修改控制器，调用位置服务的客户端，并将团队成员的最新位置添加到响应中（见代码清单4-7）。

```
[HttpGet]
[Route("/teams/{teamId}/[controller]/{memberId}")]
public async virtual Task<IActionResult>
    GetMember(Guid teamID, Guid memberId)
{
    Team team = repository.GetTeam(teamID);
     if(team == null) {
        return this.NotFound();
    } else {
        var q = team.Members.Where(m => m.ID == memberId);
        if(q.Count() < 1) {
            return this.NotFound();
        } else {
            Member member = (Member)q.First();

            return this.Ok( new LocatedMember {
                ID = member.ID,
                FirstName = member.FirstName,
                LastName = member.LastName,
                LastLocation =
                    await this.locationClient.GetLatestForMember(member.ID)
            });
        }
    }
}
```

这里值得指出的是，我们用的LocationRecord模型类是团队服务所私有的。在前面关于模型共用的讨论中，团队服务和位置服务并不共用模型，团队服务一直只依赖于位置服务的公开 API，而不依赖于内部实现。

我们也没有使用一种人们常说的隐式防腐层，这是因为在这里，通信两边 JSON 正文的格式确实相同。

在更典型的场景里，可能要调用某种形式的转译工具将位置服务公共 API 的格式转换为内部模型所需的数据格式。

4.3.3　运行服务

在继续之前，我们先来回顾一下到目前为止的进展状况。我们希望增加一种能力，为使用应用的每个人维护签到过的历史位置信息。为完成这一目的，我们创建了一个位置服务用于单独管理位置数据，它公开一个方便的端点来检索团队成员的最新位置。

新的位置服务位于GitHub的no-database分支。修改后、将消费位置服务的团队服务位于团队服务的location分支。

也可以直接用 docker hub 上带特定标签的 Docker 镜像直接运行这些分支。

- 团队服务：dotnetcoreservices/teamservice:location

- 位置服务：dotnetcoreservices/locationservice:nodb

首先，启动团队服务。我们需要通过环境变量提供两个配置参数：

- 端口号。通过PORT变量提供。在本地运行时，两个服务要使用不同的端口才能避免冲突。

- 位置服务的URL。通过LOCATION__URL变量提供（记住，是两个下画线）。

运行下面的命令：

```
$ docker run -p 5000:5000 -e PORT=5000 \
  -e LOCATION__URL=http://localhost:5001 \
  dotnetcoreservices/teamservice:location

...
info: Startup[0]
        Using http://localhost:5001 for location service URL.
Hosting environment: Production
Content root path: /pipeline/source/app/publish
Now listening on: http://0.0.0.0:5000
Application started. Press Ctrl+C to shut down.
```

---

macOS 终端代码中的反斜杠

Windows 用户可能对 macOS 或 Linux 命令窗口的不少终端命令代码中的很多反斜杠感到奇怪，这是一个行延续字符。它让用户以多行的方式输入，而处理过程被推迟到最后一个回车之后。

这样就能在 5000 端口启动团队服务，把容器内的 5000 端口映射到 localhost 的 5000 端口，并让团队服务从 http://localhost:5001 调用位置服务。

在macOS上，还可用这种方法给dotnet run传入一次性环境变量：

```
LOCATION__URL=http://localhost:5001 dotnet run
```

团队服务启动完成后，再启动位置服务：

```
$ docker run -p 5001:5001 -e PORT=5001 \
    dotnetcoreservices/locationservice:nodb
...
Status: Downloaded newer image for dotnetcoreservices/
locationservice:nodb
starting
Hosting environment: Production
Content root path: /pipeline/source/app/publish
Now listening on: http://0.0.0.0:5001
Application started. Press Ctrl+C to shut down
```

两个服务都启动后,可通过docker ps命令查看各个服务的 Docker 配置。接下来,要运行一系列命令来确保一切工作正常。

(1) 创建一个新的团队。

(2) 向团队中添加一个成员。

(3) 查询团队的详情以查看该成员。

(4) 向该成员的历史位置添加一个位置。

(5) 用团队服务查询该成员的详情,确保响应中包含位置信息。

在 Windows 上,可通过常用的 REST 客户端实现相同的效果。

创建一个新的团队:

```
$ curl -H "Content-Type:application/json" -X POST -d \
'{"id":"e52baa63-d511-417e-9e54-7aab04286281", \
    "name":"Team Zombie"}' http://localhost:5000/teams
```

通过向 /teams/{id}/members 资源发送 POST 请求添加新的成员:

```
$ curl -H "Content-Type:application/json" -X POST -d \
'{"id":"63e7acf8-8fae-42ce-9349-3c8593ac8292", \
    "firstName":"Al", \
    "lastName":"Foo"}' \
    http://localhost:5000/teams/e52baa63-d511-417e-9e54-7aab04286281/
    members
```

尝试查询团队详情,以确保一切工作正常:

```
$ curl http://localhost:5000/teams/e52baa63-d511-417e-9e54-7aab04286281
```

```
{"name":"Team Zombie",
  "id":"e52baa63-d511-417e-9e54-7aab04286281",
  "members":[{"id":"63e7acf8-8fae-42ce-9349-3c8593ac8292",
    "firstName":"Al","lastName":"Foo"}]}
```

可以看到,团队服务已成功收到了新的团队及其成员,现在可往位置服务里添加新的位置信息了。注意,如果团队服务中没有团队,或者团队中没有带有位置记录的成员,团队服务就读取不到我们添加的位置信息,这时添加的就可能只是孤立的位置信息:

```
$ curl -H "Content-Type:application/json" -X POST -d \
'{"id":"64c3e69f-1580-4b2f-a9ff-2c5f3b8f0e1f", \
    "latitude":12.0,"longitude":12.0,"altitude":10.0, \
    "timestamp":0, \
```

```
    "memberId":"63e7acf8-8fae-42ce-9349-3c8593ac8292"}' \
    http://localhost:5001/locations/63e7acf8-8fae-42ce-9349-3c8593ac8292

{"id":"64c3e69f-1580-4b2f-a9ff-2c5f3b8f0e1f",
    "latitude":12.0,"longitude":12.0,
    "altitude":10.0,"timestamp":0,
    "memberID":"63e7acf8-8fae-42ce-9349-3c8593ac8292"}
```

最终，所有工作都已就绪，可以真正开始测试团队服务和位置服务之间的集成了。具体地，我们准备从 teams/{id}/members/{id} 资源查询团队成员的详细信息：

```
$ curl http://localhost:5000/teams/e52baa63-d511-417e-9e54-7aab04286281 \
/members/63e7acf8-8fae-42ce-9349-3c8593ac8292

{
    "lastLocation":
    {"id":"64c3e69f-1580-4b2f-a9ff-2c5f3b8f0e1f",
        "latitude":12.0,"longitude":12.0,
        "altitude":10.0,"timestamp":0,
        "memberID":"63e7acf8-8fae-42ce-9349-3c8593ac8292"
    },
    "id":"63e7acf8-8fae-42ce-9349-3c8593ac8292",
    "firstName":"Al",
    "lastName":"Foo"
}
```

请原谅我没有为这些服务准备美观的界面。本书整本书都是关于服务的开发过程，而非面向用户的呈现方式。此外，由于我也缺乏艺术细胞，如果不去关注我的用户界面，转而使用 curl 或者通用 REST 客户端，反而会更好。

4.4　本章小结

微服务是单一职责的服务。这意味着服务之间需要相互调用才能完成多个任务，或者各方合力才能完成较大的任务。虽然也有人不喜欢部署数十个、数百个小型服务的做法，而实际上，当获得了在不影响其他服务的情况下，独立地构建、更新并发布服务的能力时，这些投入就都是值得的。

在本章，我们谈到了微服务生态系统中开发的一些复杂性，并用较长篇幅讨论了在服务之间通信时，由于不能违反任何云原生应用开发的原则而需要面对的技术挑战。

接下来的几章，我们会开始看到微服务生态系统中更多的复杂性和挑战，我们将讨论解决这些问题的模式和代码。

第5章

创建数据服务

只要对读过云原生服务与应用有所涉猎,可能早就听惯了"任何服务都应该无状态"的说法。

这里的无状态并不是指状态无论在哪里都不能存在;而是指不应该存在于应用的内存之中。真正的云原生服务不应该在多个请求之间维护状态。

开发无状态的服务时,一定要把维护状态的职责放在尽量靠后的位置。在本章,我们将讨论如何构建依赖于外部数据源的微服务。本章的代码将会用到Entity Framework(EF) Core,我们要升级之前开发的团队服务和位置服务,令其使用真实的数据持久化机制。

5.1 选择一种数据存储

在一个技术还处于 1.0 版本时就去拥抱它,会伴随着许多风险。由于生态通常还不成熟,在有些人们曾经习以为惯的方面,其支持可能不够强,也可能完全不支持。工具链、集成度,以及整体的开发者体验经常相当粗糙。尽管 .NET 历史悠久,.NET Core(尤其是相关的工具链)仍应该被视为一个全新的 1.0 产品(译者注:在本书中文版出版时,.NET Core 最新版为 2.2 版,文中所述的方方面面都有了较大的完善)。

在尝试挑选一款能与 EF Core 兼容的数据存储时,可能遇到缺乏可用的提供程序的问题。尽管当读者阅读至此时,下面的列表会有所增长,但截至本章写作时,可用的 EF Core 提供程序只有如下这些:

- SQL Server

- SQLite

- Postgres

- IBM 数据库

- MySQL

- SQL Server Lite

- 供测试用的内存数据库

- Oracle(很快可用)

对于一些从机制上就不兼容Entity Framework关系模型的数据库，例如MongoDB、Neo4J、Cassandra 等，应该能找到可与 .NET Core 兼容的客户端库。因为大部分这类数据库都公开了易用的 RESTful API，最多只是需要自行编写客户端，不至于完全无法使用。

关于受支持数据库的最新列表，请查阅文档。

由于我坚持要尽可能地跨平台，所以我决定选用 Postgres、而不用 SQL Server 以照顾 Linux 或 Mac 电脑的读者。Postgres 在 Windows 上安装起来也很容易。

5.2　构建 Postgres 仓储

在第3章，我们创建了第一个微服务。为了快速让项目运行起来，我们只关注了用于支持一个简单服务所需的规则和代码，当时使用了一个内存仓储，它除了能帮助我们编写测试之外，别无他用。

在本节，我们要升级位置服务，让它使用 Postgres。为了完成这一过程，需要创建一个新的仓储实现，以封装 PostgreSQL 的客户端通信。在进入实现代码之前，先来回顾一下位置仓储的接口(代码清单5-1)。

代码清单 5-1　ILocationRecordRepository.cs

```
using System;
using System.Collections.Generic;

namespace StatlerWaldorfCorp.LocationService.Models {

    public interface ILocationRecordRepository {
        LocationRecord Add(LocationRecord locationRecord);
        LocationRecord Update(LocationRecord locationRecord);
        LocationRecord Get(Guid memberId, Guid recordId);
        LocationRecord Delete(Guid memberId, Guid recordId);

        LocationRecord GetLatestForMember(Guid memberId);
```

```
        ICollection<LocationRecord> AllForMember(Guid memberId);
    }
}
```

位置仓储公开了标准的 CRUD 功能，如 Add、Update、Get 以及 Delete。此外，这个仓储还公开了方法用于获取一个团队成员最新的位置记录和所有历史位置。

位置服务的目的是单独地跟踪位置数据，所以你会注意到这个接口不存在对团队成员关系信息的任何引用。

5.2.1 创建数据库上下文

接下来要做的是创建一个数据库上下文。这个类型将会表现为对基类 DbContext 的包装，而基类则是从 Entity Framework Core 获取的。由于是与位置信息打交道，所以我们把上下文类型命名为 LocationDbContext。

如果你对 Entity Framework 或者 EF Core 不是很熟悉，可以把数据库上下文理解为一种位于 POCO(Plain-Old C# Object，纯粹的旧式 C# 对象)和真实数据库之间的纽带；POCO 是独立于数据库的模型类。关于 EF Core 的更多信息，请参考微软的文档。探讨 EF Core 的细节恐怕需要再占用好几章的篇幅；我们还是继续关注云原生应用和服务，对于 EF Core，我们只关注在构建微服务的过程中所涉及的部分。

数据库上下文的使用方式是创建与特定模型相关的类型，并从数据库上下文继承。这里，由于与位置数据打交道，所以要创建一个 LocationDbContext 类(代码清单 5-2)。

代码清单 5-2   LocationDbContext.cs

```
using Microsoft.EntityFrameworkCore;
using StatlerWaldorfCorp.LocationService.Models;
using Npgsql.EntityFrameworkCore.PostgreSQL;

namespace StatlerWaldorfCorp.LocationService.Persistence
{
    public class LocationDbContext : DbContext
    {
        public LocationDbContext(
            DbContextOptions<LocationDbContext> options) :
            base(options)
        {
        }

        protected override void OnModelCreating(
            ModelBuilder modelBuilder)
        {
            base.OnModelCreating(modelBuilder); modelBuilder.HasPostgresExtension
            ("uuid-ossp");
        }
```

```
        public DbSet<LocationRecord> LocationRecords {get; set;}
    }
}
```

这里，可使用ModelBuilder和DbContextOptions类对上下文对象进行额外配置。在我们的场景中，要让模型基于Postgres的uuid-ossp扩展来支持团队成员的ID字段。

5.2.2 实现位置记录仓储接口

有了供其他类与数据库通信时使用的上下文对象后，就可以为ILocationRecordRepository接口创建一个真实的实现了，这个真实的实现以构造函数参数的方式接收一个LocationDbContext实例。这使我们得以轻松地在部署到真实环境时使用特定环境相关的配置，而在测试时则使用模拟的实现或基于内存的实现(稍后会讨论)。

代码清单5-3为LocationRecordRepository类的代码。

代码清单 5-3　LocationRecordRepository.cs

```
using System;
using System.Linq;
using System.Collections.Generic;
using StatlerWaldorfCorp.LocationService.Models;

namespace StatlerWaldorfCorp.LocationService.Persistence
{
    public class LocationRecordRepository :
        ILocationRecordRepository
    {
        private LocationDbContext context;

        public LocationRecordRepository(LocationDbContext context)
        {
            this.context = context;
        }

        public LocationRecord Add(LocationRecord locationRecord)
        {
            this.context.Add(locationRecord);
            this.context.SaveChanges();
            return locationRecord;
        }

        public LocationRecord Update(LocationRecord locationRecord)
        {
            this.context.Entry(locationRecord).State =
                EntityState.Modified;
            this.context.SaveChanges();
            return locationRecord;
        }
```

```
public LocationRecord Get(Guid memberId, Guid recordId)
{
    return this.context.LocationRecords
        .Single(lr => lr.MemberID == memberId &&
                      lr.ID == recordId);
}

public LocationRecord Delete(Guid memberId, Guid recordId)
{
    LocationRecord locationRecord =
        this.Get(memberId, recordId);
    this.context.Remove(locationRecord);
    this.context.SaveChanges();
    return locationRecord;
}

public LocationRecord GetLatestForMember(Guid memberId)
{
    LocationRecord locationRecord =
        this.context.LocationRecords.
            Where(lr => lr.MemberID == memberId).
            OrderBy(lr => lr.Timestamp).
            Last();
    return locationRecord;
}

public ICollection<LocationRecord> AllForMember(Guid memberId)
{
    return this.context.LocationRecords.
        Where(lr => lr.MemberID == memberId).
        OrderBy(lr => lr.Timestamp).
        ToList();
}
    }
}
```

代码非常直观。在需要向数据库写入变更时,就调用上下文对象的SaveChanges方法;查询时则使用 LINQ 表达式语法,并结合Where和OrderBy对结果进行过滤和排序。

在更新时,需要先将实体标记为已修改的状态,这样 Entity Framework Core 就知道如何为记录生成合适的 Update SQL 语句。如果不标记,EF Core 就无法感知变化,因而调用SaveChanges不会有任何效果。

仓储的另一个技巧就是以注入方式获取 Postgres 数据库上下文。为实现这一效果,我们需要在Startup类的ConfigureServices方法里把仓储添加到依赖注入系统(代码清单5-4)。

代码清单 5-4 Startup.cs 中的 ConfigureServices 方法

```
public void ConfigureServices(IServiceCollection services) {
    services.AddEntityFrameworkNpgsql()
```

```
        .AddDbContext<LocationDbContext>(options =>
            options.UseNpgsql(Configuration));
    services.AddScoped<ILocationRecordRepository,
    LocationRecordRepository>();
    services.AddMvc();
}
```

首先调用由 Postgres 的 EF Core 提供程序公开的AddEntityFrameworkNpgsql方法,然后
将位置仓储添加为具有特定生命周期的服务。用AddScoped方法意味着每次请求服务时,
都能获取一个新创建的仓储实例。

5.2.3　用EF Core内存提供程序进行测试

现在,我们为仓储遵守的契约定义了一个接口,有一个内存版实现,另一个实现包装了能
与 PostgreSQL 交互的DbContext对象。

你可能好奇,既然已经能够单独测试仓储,那么如何(或能否)单独对数据库上下文包装
类进行测试呢? 微软确实为 EF Core 提供了内存提供程序,但这个提供程序有不少缺陷。
最重要的是,内存提供程序并不是关系数据库。这意味着,原本会违反真实数据库的引用
完整性和外键约束,而使用内存提供程序却能成功保存数据。

再深入一点就会发现,它本质上只是在简单的内存集合存储的基础上提供了一个访问入
口。我们已经构建一个基于集合对象的仓储实现,所以这个提供程序对我们的唯一价值
就是代码覆盖率能稍微多出一点,能确保我们的数据库上下文确实会被调用。我们不应
该假定内存提供程序能保证数据库操作按期望的方式工作。

基于上述原因,而本书又并非专注于讨论 TDD,所以不会使用内存提供程序编写测
试。现在,我们的仓储有了单元测试,本章后面还会构建自动化集成测试,使用真实的
PostgreSQL 数据库。

读者可自行决定使用内存提供程序能否为测试带来价值,并为项目增加信心。

5.3　数据库是一种后端服务

每当谈及要把服务变成云原生风格,就离不开后端服务的说法。简单来说,这意味着需要
把应用运行时所需的一切资源都视为绑定的资源:文件、数据库、服务、消息中件间等。

应用所需的所有后端服务都应该能从外部配置。因此,数据库连接字符串也应该能从代
码之外获取。如果把连接字符串提交到源代码控制中,就会违反云原生应用开发的基本
规则。

应用获取外部配置的方式在不同平台会有所区别。在本例中,我们准备用环境变量来覆盖由配置文件提供的默认值。

appsettings.json文件的内容大致如下(连接字符串中的换行仅为了方便排版):

```
{
    "transient": false,
    "postgres": {
        "cstr": "Host=localhost;Port=5432;Database=locationservice;
    Username=integrator;Password=inteword"
    }
}
```

用这种方式,在部署环境中非常容易覆盖默认配置,而在开发机器上对开发者体验的影响也较小。

配置 Postgres 数据库上下文

前面实现的仓储需要一种数据库上下文才能运作,数据库上下文是 EF Core 的核心概念(本书并非 EF Core 参考手册,所以如果需要更多信息,请参考官方文档)。

为给位置模型创建数据库上下文,只需要创建一个类,并从DbContext继承。下面的代码还包含DbContextFactory,它有时有助于简化 EF Core 命令行工具的运行:

```
using Microsoft.EntityFrameworkCore;
using Microsoft.EntityFrameworkCore.Infrastructure;
using StatlerWaldorfCorp.LocationService.Models;
using Npgsql.EntityFrameworkCore.PostgreSQL;

namespace StatlerWaldorfCorp.LocationService.Persistence
{
    public class LocationDbContext : DbContext
    {
        public LocationDbContext(
            DbContextOptions<LocationDbContext> options) :base(options)
        {
        }

        protected override void OnModelCreating(
            ModelBuilder modelBuilder)
        {
            base.OnModelCreating(modelBuilder);
            modelBuilder.HasPostgresExtension("uuid-ossp");
        }

        public DbSet<LocationRecord> LocationRecords {get; set;}
    }

    public class LocationDbContextFactory :
        IDbContextFactory<LocationDbContext>
```

```
        {
            public LocationDbContext Create(DbContextFactoryOptions
            options)
            {
                var optionsBuilder =
                    new DbContextOptionsBuilder<LocationDbContext>();
                var connectionString =
                    Startup.Configuration
                        .GetSection("postgres:cstr").Value;
                optionsBuilder.UseNpgsql(connectionString);

                return new LocationDbContext(optionsBuilder.Options);
            }
        }
    }
```

创建了新的数据库上下文后，需要让它在依赖注入中可用，这样位置仓储才能使用它：

```
    public void ConfigureServices(IServiceCollection services)
    {
        var transient = true;
        if (Configuration.GetSection("transient") != null) {
            transient = Boolean.Parse(Configuration
                .GetSection("transient").Value);
        }

        if (transient) {
            logger.LogInformation(
                "Using transient location record repository.");
            services.AddScoped<ILocationRecordRepository,
                                InMemoryLocationRecordRepository>();
        }else{
            var connectionString =
                Configuration.GetSection("postgres:cstr").Value;
            services.AddEntityFrameworkNpgsql()
                    .AddDbContext<LocationDbContext>(options =>
                        options.UseNpgsql(connectionString));
            logger.LogInformation(
                "Using '{0}' for DB connection string.",
                connectionString);
            services.AddScoped<ILocationRecordRepository,
            LocationRecordRepository>();
        }

        services.AddMvc();
    }
```

让这些功能最终生效的奇妙之处在于对 AddEntityFrameworkNpgsql 以及 AddDbContext
两个方法的调用。

在 DI 中配置了上下文后，服务就应该能够运行和测试了，还能执行数据库迁移等（译者注：
数据库迁移指使用自动化脚本配置数据库表结构的过程。EF Core 提供了用于根据声明的数据模型完成数据库迁移的功能）。迁移代码位于位置服务的 GitHub 仓库。在构建数据库后端服务时，也可以使用 EF Core 命令行工具从已有数据库结构中用反向工程生成迁移代码。

5.4 对真实仓储进行集成测试

我们对所有代码进行了单元测试，并决定不使用 EF Core 内存数据提供程序，但是对服务还是没有十足的信心。所以获取十足信心的唯一方法，就是让仓储类与真实的 Postgre 数据库一起运行。

回首过去，开发人员浑浑噩噩的日子里，人们可能在本地安装一个 Postgres，手动完成配置，接着手动启动测试让仓储类运行在这个本地实例上。

这种方式与构建云应用时所需的敏捷性与自动化背道而驰。而我们真正想要的是利用自动的构建流水线，每次运行构建时都启动一个新的、空白的 Postgres 实例。然后，让集成测试在这个新实例上运行，执行迁移以配置数据库结构。每次提交代码时，整个过程既要能在本地、团队成员的机器上运行，又要能在云上自动运行。

这就是我喜欢搭配使用 Wercker 和 Docker 的原因（尽管大多数原生 CI 工具都支持类似的功能）。只要向 wercker.yml 文件的顶部添加下面这几行，Wercker 命令行工具（以及在云上托管的版本）就会启动一个在线的 Postgres Docker 镜像，并创建一系列环境变量，以提供数据库服务器 IP、端口和登录凭据（代码清单 5-5）。

代码清单 5-5 在 wercker.yml 中为 Wercker 构建声明后端服务

```
services:
  - id: postgres
    env:
      POSTGRES_PASSWORD: inteword
      POSTGRES_USER: integrator
      POSTGRES_DB: locationservice
```

凭据可以手动指定，也可以由 Wercker 自动获取。无论哪种方式，凭据以及其他相应信息都是通过环境变量提供给构建流水线的。

通常，我们对签入凭据的做法感到担心，不过由于这些凭据只用来配置短期存续的数据库，它们只在私有容器中运行集成测试期间存在，还算不上什么危险。如果这些凭据指向一个持续维护的环境中的数据库，就需要警觉了。

本章有很多连接字符串跨越多行。这些换行在实际的 YAML、JSON 或 C# 文件中是不存在的。如果你不确定是不是应该有换行符，请注意与 GitHub 上的文件核对。

现在，可配置集成测试的准备和执行两个构建步骤，如代码清单 5-6 所示。

```
# integration tests
   - script:
      name: integration-migrate
      cwd: src/StatlerWaldorfCorp.LocationService
      code: |
         export TRANSIENT=false
         export POSTGRES__CSTR=
"Host=$POSTGRES_PORT_5432_TCP_ADDR"
         export POSTGRES__CSTR=
"$POSTGRES__CSTR;Username=integrator;Password=inteword;"
         export POSTGRES__CSTR=
"$POSTGRES__CSTR;Port=$POSTGRES_PORT_5432_TCP_PORT;
  Database=locationservice"
         dotnet ef database update
   - script:
      name: integration-restore
      cwd: test/StatlerWaldorfCorp.LocationService.Integration
      code: |
         dotnet restore
   - script:
      name: integration-build
      cwd: test/StatlerWaldorfCorp.LocationService.Integration
      code: |
        dotnet build
   - script:
      name: integration-test
      cwd: test/StatlerWaldorfCorp.LocationService.Integration
      code: |
dotnet test
```

这些看起来怪异的 shell 变量的拼接只是一种让变量的创建过程略显清晰的方式,有时候你可能遇到一些环境变量被分号截成两段之类的分析问题。

下面是集成测试套件所执行的命令列表:

- dotnet ef database update 确保数据库结构能与 EF Core 模型的要求相符。此操作会实例化 Startup 类,调用 ConfigureServices 并尝试使用 LocationDbContext 类执行项目中存储的迁移。
- dotnet restore 为集成测试项目验证并收集依赖项。
- dotnet build 编译集成测试项目。
- dotnet test 运行集成测试项目中检测到的测试案例。

完整的 wercker.yml 文件可从 GitHub 仓库查看。在一种可靠、可复现的环境中自动运行所有单元和集成测试的能力,其重要性再怎么强调也不为过。为云构建微服务时,它是要实现快速迭代的关键能力。

5.5 试运行数据服务

数据服务的运行相对容易。首先要启动一个运行中的 Postgres 实例。如果你注意过位置服务中用于配置集成测试的wercker.yml 文件，就能猜到其中的docker run命令可使用特定参数启动 Postgres：

```
$ docker run -p 5432:5432 --name some-postgres \
    -e POSTGRES_PASSWORD=inteword -e POSTGRES_USER=integrator \
    -e POSTGRES_DB=locationservice -d postgres
```

这样就以some-postgres为名称启动一个 Postgres 的 Docker 镜像(这很重要，很快会用到)。为验证能够成功连接到 Postgres，可运行下面的Docker命令来启动 psql：

```
$ docker run -it --rm --link some-postgres:postgres postgres \
    psql -h postgres -U integrator -d locationservice

    Password for user integrator:
    psql (9.6.2)
    Type "help" for help.

    locationservice=# select 1;
     ?column?
----------
     1
(1 row)
```

数据库启动成功后，还需要表结构。用于存储迁移元数据和位置数据记录的表尚不存在。为将它们写入数据库，只需要从位置服务的项目目录运行一条 EF Core 命令。注意，我们顺便还设置了很快会用到的环境变量：

```
$ export TRANSIENT=false
$ export POSTGRES__CSTR="Host=localhost;Username=integrator; \
Password=inteword;Database=locationservice;Port=5432"
$ dotnet ef database update
Build succeeded.
    0 Warning(s)
    0 Error(s)
Time Elapsed 00:00:03.25
info: Startup[0]
      Using 'Host=localhost;Username=integrator;
Password=inteword;Port=5432;Database=locationservice' for DB
 connection string.
Executed DbCommand (13ms) [Parameters=[], CommandType='Text',
 CommandTimeout='30']
SELECT EXISTS (SELECT 1 FROM pg_catalog.pg_class c
JOIN pg_catalog.pg_namespace n ON n.oid=c.relnamespace WHERE
 c.relname='__EFMigrationsHistory');
Executed DbCommand (56ms) [Parameters=[], CommandType='Text',
 CommandTimeout='30']
```

```
CREATE TABLE "__EFMigrationsHistory" (
    "MigrationId" varchar(150) NOT NULL,
    "ProductVersion" varchar(32) NOT NULL,
    CONSTRAINT "PK___EFMigrationsHistory" PRIMARY KEY
("MigrationId")
);
Executed DbCommand (0ms) [Parameters=[], CommandType='Text',
CommandTimeout='30']
SELECT EXISTS (SELECT 1 FROM pg_catalog.pg_class c JOIN
 pg_catalog.pg_namespace n ON n.oid=c.relnamespace WHERE
 c.relname='__EFMigrationsHistory');
Executed DbCommand (2ms) [Parameters=[], CommandType='Text',
CommandTimeout='30']
SELECT "MigrationId", "ProductVersion"
FROM "__EFMigrationsHistory"
ORDER BY "MigrationId";
Applying migration '20160917140258_Initial'.
Executed DbCommand (19ms) [Parameters=[], CommandType='Text',
CommandTimeout='30']
CREATE EXTENSION IF NOT EXISTS "uuid-ossp";
Executed DbCommand (18ms) [Parameters=[], CommandType='Text',
CommandTimeout='30']
CREATE TABLE "LocationRecords" (
    "ID" uuid NOT NULL,
    "Altitude" float4 NOT NULL,
    "Latitude" float4 NOT NULL,
    "Longitude" float4 NOT NULL,
    "MemberID" uuid NOT NULL,
    "Timestamp" int8 NOT NULL,
    CONSTRAINT "PK_LocationRecords" PRIMARY KEY ("ID")
);
Executed DbCommand (0ms) [Parameters=[], CommandType='Text',
 CommandTimeout='30']
INSERT INTO "__EFMigrationsHistory" ("MigrationId",
"ProductVersion")
VALUES ('20160917140258_Initial', '1.1.1');
Done.
```

现在，Postgres处于运行状态，也有了正确的表结构，为处理来自位置服务的命令做好了
准备。这里我们遇到一点麻烦。如果位置服务运行在 Docker 镜像之中，那么用 localhost
来引用 Postgres服务器就行不通，因为那样还是会访问到 Docker 镜像内部所在的机器。

我们期望位置服务能够访问到自己的容器之外，并进入Postgres 容器之内。容器链接能
够实现这项能力，它可以创建虚拟主机名(我们将其命名为postgres)，不过我们需要在启
动 Docker 镜像之前就完成环境变量的修改：

```
$ export POSTGRES__CSTR="Host=postgres;Username=integrator; \
Password=inteword;Database=locationservice;Port=5432"
$ docker run -p 5000:5000 --link some-postgres:postgres \
    -e TRANSIENT=false -e PORT=5000 \
    -e POSTGRES__CSTR dotnetcoreservices/locationservice:latest
```

使用 postgres 作为主机名链接 Postgres 容器后，位置服务就应该能够正确连接到数据库了。

为亲自验证结果，可提交一个位置记录（按照惯例，在键入命令时，请去除其中的换行符）：

```
$ curl -H "Content-Type:application/json" -X POST -d \
    '{"id":"64c3e69f-1580-4b2f-a9ff-2c5f3b8f0e1f","latitude":12.0, \
        "longitude":10.0,"altitude":5.0,"timestamp":0, \
        "memberId":"63e7acf8-8fae-42ce-9349-3c8593ac8292"}' \
    http://localhost:5000/locations/63e7acf8-8fae-42ce-9349-3c8593ac8292

{"id":"64c3e69f-1580-4b2f-a9ff-2c5f3b8f0e1f",
    "latitude":12.0,"longitude":10.0,"altitude":5.0,
    "timestamp":0,"memberID":"63e7acf8-8fae-42ce-9349-3c8593ac8292"}
```

查看运行中的位置服务的 Docker 镜像所输出的跟踪日志，应该能看到一些有用的 Entity Framework 跟踪数据，它们解释了具体的处理过程。服务执行了一个 SQL INSERT，所以看起来一切正常：

```
info: Microsoft.EntityFrameworkCore.Storage.
IRelationalCommandBuilderFactory[1]
        Executed DbCommand (23ms)
[Parameters=[@p0='?', @p1='?', @p2='?', @p3='?', @p4='?', @p5='?'],
    CommandType='Text', CommandTimeout='30']
        INSERT INTO "LocationRecords" ("ID", "Altitude", "Latitude",
"Longitude", "MemberID", "Timestamp")
        VALUES (@p0, @p1, @p2, @p3, @p4, @p5);
info: Microsoft.AspNetCore.Mvc.Internal.ObjectResultExecutor[1]
        Executing ObjectResult, writing value Microsoft.AspNetCore
.Mvc.ControllerContext.
info: Microsoft.AspNetCore.Mvc.Internal.ControllerActionInvoker[2]
        Executed action StatlerWaldorfCorp.LocationService.

Controllers.LocationRecordController.AddLocation
    (StatlerWaldorfCorp.LocationService) in 2253.7616ms
info: Microsoft.AspNetCore.Hosting.Internal.WebHost[2]
        Request finished in 2602.7855ms 201 application/json;
    charset=utf-8
```

通过服务查询我们虚构的团队成员的历史位置。

```
$ curl http://localhost:5000/locations/63e7acf8-8fae-42ce-9349-
3c8593ac8292

[{"id":"64c3e69f-1580-4b2f-a9ff-2c5f3b8f0e1f",
    "latitude":12.0,"longitude":10.0,"altitude":5.0,
    "timestamp":0,"memberID":"63e7acf8-8fae-42ce-9349-3c8593ac8292"}]
```

对应的 Entity Framework 跟踪信息大致为：

```
info: Microsoft.EntityFrameworkCore.Storage.
IRelationalCommandBuilderFactory[1]
      Executed DbCommand (23ms) [Parameters=[@__memberId_0='?'],
   CommandType='Text', CommandTimeout='30']
      SELECT "lr"."ID", "lr"."Altitude", "lr"."Latitude",
"lr"."Longitude", "lr"."MemberID", "lr"."Timestamp"
      FROM "LocationRecords" AS "lr"
      WHERE "lr"."MemberID" = @__memberId_0
      ORDER BY "lr"."Timestamp"
```

为了再次确认，查询 latest 端点并确保仍能获取到期望的输出：

```
$ curl http://localhost:5000/locations/63e7acf8-8fae-42ce-9349-3c8593ac8292 \
/latest
```

```
{"id":"64c3e69f-1580-4b2f-a9ff-2c5f3b8f0e1f",
   "latitude":12.0,"longitude":10.0,"altitude":5.0,
   "timestamp":0,"memberID":"63e7acf8-8fae-42ce-9349-3c8593ac8292"}
```

最后，为了证实确实在使用真实的数据库存储，证实上面的结果并非一种机缘巧合，可以使用 docker ps 以及 docker kill 找到位置服务所在的 Docker 进程并终止它。然后通过之前用过的命令重新启动服务。

应该仍能查询位置服务并获得与之前完全一致的数据。当然，一旦终止了 Postgres 容器，这些数据将永久丢失。

5.6 本章小结

虽然没有硬性规定微服务一定要与数据库通信，但来自现实世界的经验表明，很多微服务都以数据库为基础。

本章讨论了用 .NET Core 开发与数据库交互并公开 RESTful API 的微服务时的一些架构和技术方面的考虑。演示了如何使用依赖注入来配置仓储服务，以及如何使用自动化构建工具来基于空白、私有的数据库实例运行集成测试。

在接下来的几章，随着涵盖的微服务范围从单个服务扩展到整个服务生态系统，我们将开始探讨更多高级话题。

第6章

事件溯源与CQRS

技术确实可以解决很多问题,但仅凭代码、类库和语言却不足以解决所有问题。在本章,我们来了解一些随着云平台一同出现的设计模式。

我们先探讨事件溯源(Event Sourcing, ES)和命令查询职责分离(Command Query Responsibility Segregation, CQRS)背后的动机与哲学,接着通过一些示例代码亲自感受这些设计原则。

6.1 事件溯源简介

开发小型软件时,人们倾向于设定很多假设。而如果只面向真空环境开发微服务,尤其是如果遵照某些经典Hello World风格的例子,往往会形成难以规模化的开发风格。

例如,我们的位置服务在设计上是同步的。提交了新的位置后,位置数据立即被写入数据库。如果想查询历史位置或最近的位置,我们向这个服务进行查询,而服务再从数据库查询。这种设计看起来还不错,但何以支持每天为成千上万个团队成员添加数百万新位置记录?如果达到这种规模,位置查询和新位置提交都会慢得难以忍受,我们很快就会受到数据库的拖累。

这种情况就是人们常说的单体思维。虽然在技术形式上使用了微服务,却完全没能对云以及实力强大的分布式计算设计模式的优势进行充分利用。简单地说,以这种方式开发的只是体量小一些的单体应用,有些人甚至直接把它们称为微单体(即形态很小,实际却并不遵循单一职责原则的服务)。

为了解释事件溯源的工作原理,我们来考虑一个类比:"事实"。

6.1.1 事实由事件溯源而来

我们的大脑原本就是一种事件溯源系统。收到来自感觉器官[1]的多种形式的刺激后,大脑会负责对这些刺激信号(即事件)进行合适的排序。大约每隔几百毫秒,大脑就会对这个由源源不断的刺激所构成的流执行一些运算。而运算的结果,就是我们所说的事实。

我们的思维会先处理流入的事件流,然后计算状态。这种状态就是我们感知到的事实;即我们周围的世界。我们观察到有人随着音乐起舞时,是因为我们收到了声音和视觉的事件,并以正确顺序处理了这些事件(尽管事实上音频和视觉刺激的处理是以不同速度进行的,但我们的思维弥补了中间的间隙,令我们产生"刺激是同步的"这样的错觉)。

基于事件溯源的应用的工作方式与此类似。它们消费由外来事件构成的流,在流入的流上执行操作,在响应中给出计算的结果或状态。与只公开简单的同步查询和存储之类的操作相比,这是一种完全不同的模式。

6.1.2 事件溯源的定义

关于事件溯源的优秀资料有很多。事件溯源并不是一种全新的模式。不过,作为一种能够支持云服务所需的弹性伸缩和可靠性的有效方法,它正在焕发新的活力。

本章的目标不是向你呈现事件溯源方面的理论研究,而是为了让你有一个整体的了解,从而能够从技术和架构两个视角理解接下来要编写的代码。

在我们所说的传统应用中,状态是由一系列零散的数据所管理的。如果客户端向我们的服务发送 PUT 或 POST 请求,状态就会改变。这种方式很好地给出了系统的当前状态,却不能指示在到达当前状态之前,系统是如何变化的。另外,请记住"当前"概念也只是一个假命题(译者注:这里指的是,"当前"也是很短暂的,因为系统的状态总是处于不断变化之中),因而尝试搬弄事实来支持这种说法只可能适得其反。

事件溯源可以解决这个问题,不光如此,它还提供很多其他能力。因为它把状态管理的职责与接收导致状态变更的刺激的职责区分开来。为实现这一效果,基于事件溯源的系统需要满足一系列要求,有必要在这里予以列举。

有序 事件流是有序的。相同的一组事件,以不同顺序执行运算所产生的输出也会不同。正因为如此,有序性以及合理的时间管理需要得到保障。

---

1 译者注:原文为 the five senses。即典型的五种感觉器官。更多介绍请参考维基解释:https://en.wikipedia.org/wiki/Sense#Five_%22traditional%22_senses)。

幂等 在事件流上执行的所有函数,在等价的多个有序事件流上的操作结果应该总是相同的。这一规则必须强制满足,如果不严格遵守,必将导致无法估量的灾难。

独立 所有基于事件流来产生结果的函数都不能依赖外部信息。运算所需的所有数据都必须存在于事件之中。

过去式 事件发生在过去。这一点应该在变量名、结构名和架构设计中加以体现。事件处理器的运算过程所处理的事件,是按时间排序、已经发生的事件。

从数学的角度看,函数在操作同一个事件流时,总会产生相同的状态,并输出一组新事件。例如:

```
f(event¹, event², ...) = state¹ + { 事件输出 }
```

$$f(event^1, event^2, ...) = state^1 + \{ \text{事件输出} \}$$

由于遵守了事件溯源的规则,函数在给定输入相同时,总会产生相同的输出。这一点能让事件溯源系统的关键业务逻辑得以充分测试、相当可靠,而在大多数遗留代码库中,应用的业务逻辑层往往是测试最薄弱、最黑暗、最恐怖的地方。

我们还可以推论,给定传入事件流的同时,如果还给定已知的状态,那么事件处理函数总能产生一致的可预期状态,以及一组事件。

$$f(state^1, event^1, event^2, ...) = state^2 + \{ \text{output event set} \}$$

举几个具体例子可以进一步演示当事件溯源遇到问题时,会发生什么状况。我们来看一个财务交易处理系统的例子。有一个传入的交易流,其处理过程会导致状态的变更,例如对账户余额、可用额度的变更等。在处理过程中,这个交易处理系统也可能向其他流产生新的事件,从而支持向相关的其他系统发出通知,还有可能触发推送通知,发给那些在移动设备上安装了银行应用的客户。

流行的区块链(如比特币)技术的基础就是发生在特定私有资源上的安全、可信的事件序列。

我们来看另一个热门的问题域:物联网(Internet of Things, IoT)。作为演示,我们假设有一个从智能设备传入的事件流,包含了 GPS 坐标、天气数据,还有一些传感器度量值。事件处理器有两个功能。首先,它把记录到的最新度量值缓存起来(这就是 CQRS,见稍后的讨论),并根据告警条件监控流中的数据。然后,当这些条件满足时,它就产生新事件,系统的其他部分可据此做出反应。

6.1.3 拥抱最终一致性

如果变换思维,把世界视作一系列的流,这些流可由事件处理器消费,甚至还可用于引导额外的事件生成器。即使是经验最丰富的开发人员，这样的想法也足以形成冲击。

在基于事件溯源的系统里，我们不会在服务之间以同步的风格执行常规的 CRUD 操作。记录系统并不会立即给出与同步调用方式一样的、即时的最新数据状态。

相反，在这个新的世界里，数据会最终达成一致。日常生活中，我们可能都经历过最终一致性系统，只是没有认真观察过，因为它们太普遍了。

银行系统是最终一致的：最终刚刚购买的新电脑所产生的交易还是会体现到银行账户里，你最终会感受到阵痛……不过在此之前，你可充分沉浸在新电脑的气氛之中，无忧无虑。

还有一种我们每天都在用的最终一致性应用，就是社区网络应用。你可能发现，有时你从一个设备发出的评论要花几分钟才能展示在朋友的浏览器或设备上。这是因为，应用的架构人员做出了妥协：通过放弃同步操作的即时一致性，在可接受的范围内增加一定的反馈延迟，就能让应用支持巨大的规模与流量。

学会拥抱和信任最终一致性，促使我们全面分析用户真正需要的是什么信息，而且更重要的是，他们什么时候需要用到这些信息。你应该基于在问题领域的深刻理解，决定什么信息需要立即对用户可用，而什么信息可以延迟。

这让我们进入下一个模式：CQRS。

6.2　CQRS 模式

如果把我们讨论到的模式直接套用到系统中，很快就会发现系统必须对输入命令和查询加以区分，这也被称为命令查询职责分离(Command Query Responsibility Segregation，CQRS)模式。

它的概念很简单，但与事件溯源一样，往往会从根本上颠覆人们对分布式系统的理解。命令(Command)负责向系统提交输入，其结果一般会创建一些事件，这些事件被分发到一个或多个流。

前面我们已经决定，要牺牲强一致性以换取规模化的能力。因而，不难理解，提交命令的动作应该是一个即发即弃(fire-and-forget)操作。命令提交得到的响应并不是即时修改后的强一致性状态，而仅是一个用于指示命令是否已由系统成功接纳的应答。

最终，系统的状态会被修改，反映出这一命令的处理过程。其间花费时间的多少完全取决于要执行的业务流程以及数据变化的传递过程的重要程度。

这种职责分离的新模式的另外一半是查询。作为拥抱最终一致性的成果，我们已对客户所需要的信息进行过深入分析。

由于我们知道系统将以何种方式被查询，所以能对这些查询进行预测，并且在许多情况下，在客户端查询之前就准备好数据。

这是另一处从根本上颠覆思维的地方。在经典的后端单体应用中，常将参数传入查询端点。这些参数稍后用于执行一些费时的处理和查询，并返回计算结果。

在规模、数据量和吞吐量都十分庞大时，我们就不能使用微服务资源来执行需要昂贵运算开销的查询操作了。我们不想继续忍受等待过滤条件、分组语句在数据库里几百万行数据中穿行，随时引发行锁、表锁的过程。

解决办法是根据系统的预期用途提前准备，从而使数据尽可能接近消费方，并提供尽可能快的查询能力，从而尽可能减少所需的运算处理。简而言之，我们希望查询尽可能"单薄"。

我们用另一个例子来说明这种模式的实际应用。想象我们正在为公寓楼开发设备管理软件。租户可以通过一个门户网站查看用电情况。根据所登录用户的不同，他们能按公寓、楼宇或区域等查看月度用电情况。

来自用电监控设备的事件可以构成一个事件流。各个单元每小时生成一次关于用量的事件（因为千瓦时是度量电量的公认标准）。构建这样一个系统的方法之一可以是：每当用户刷新门户页面时，就调用某种数据服务并请求、汇总一段时间内的所有度量事件。但这对于云规模的现代软件开发来说，是不可接受的。

如果将这些计算职责推卸给数据库，那么数据库很快就会成为关键瓶颈，然后打破原本流畅的运转体系。

掌握了大多数客户的使用模式，让我们能够利用事件溯源来构建一个合理的 CQRS 实现。事件处理器每次收到新事件时重新计算已缓存的度量总和。利用这种机制，在查询时，门户上的用户所期望的结果已经存在于数据库或缓存中。不再需要复杂的计算，也没有临时的聚合与繁杂的汇总，只需要一个简单的查询。

如果需要执行更复杂的运算，或者对系统进行审计，还是可以继续使用事件存储库（即存储了自系统启动以来收到的所有度量事件的持久化存储）。而这种基于最终一致性的状态

（即事实）却让所有用户的查询都能立等可取、反应迅速。

6.3　事件溯源与CQRS实战——附近的团队成员

到目前为止，本书的所有示例都相当简单。我们涉及的微服务很简单，功能也都很简陋。它们很小，可以部署到云上，也可以通过缩放来支持更大的数据量。

但它们的架构无法解决我们遇到的新挑战。本章其余部分将对我们的团队管理应用的范围进行扩展，以展示事件溯源和CQRS在解决实际问题时的优势和潜在损失。

将时下流行的各种模式运用到自己的问题域带来的问题是，这些模式所应用的层次通常都太高。多数人都陷入了一种误区：随便读几篇文章、找到一种新模式，完全不做分析就直接套用到现成的项目上。这就是经典的"我有一把锤子，一切看起来都像钉子"所形容的荒诞状况。

这种情况下，人们倾向于以调味品的方式运用新模式。他们在传统应用上"洒"上这些模式，然后期待它们能更好地运行、响应速度更快、更具有缩放能力。问题是，本书讨论的这些模式不是直接覆盖到现有代码之上就可以产生效果的；它们要求从根本上对食谱进行改变。对于许多在流程上已经面向难以伸缩的单体发展了多年的组织来说，实施这些模式可能还需要建造全新的厨房。

> **事件溯源不是灵丹妙药**
>
> 虽然我们花了大量时间来讨论事件溯源、CQRS和最终一致性，但这些是在问题域需要时才应该运用的模式。与所有模式一样，这些模式只是针对特定问题才可行的解决方案。试图用事件溯源解决所有问题的想法，与用一个锤子解决现实世界里的所有问题的想法一样危险。

我们现有的团队与位置服务的例子很简陋。实际上，在查询团队成员信息时，同时要提供位置信息。但是，假设我们的应用现在需要管理大量的团队，每个团队包含数百人。团队的每个成员都在使用移动设备，其中的应用程序会定期报告成员的位置。

虽然为使用应用的所有人都提供近乎实时的位置数据本身就是一个强大的功能，但真正的威力来自于对传入事件的处理过程所提供的能力。在我们的例子中，我们希望能检测两个团队成员位置邻近的时机。

在接下来要开发的新版示例中，我们将检测成员彼此相距一个较小距离的时刻。系统然后将支持对这些接近的检测结果予以响应。例如，我们可能希望向附近的团队成员的移动设备发送推送通知，以提醒他们可以约见对方。

为了正确地实现这一功能，我们要拥抱事件溯源和 CQRS，把系统的职责划分为下列四个组件：

- 位置报送服务（命令）
- 事件处理器（对事件进行溯源）
- 事实服务（查询）
- 位置接近监控器（对事件进行溯源）

接下来将详细讨论这些服务的职责和实现细节。

6.3.1 位置报送服务

在 CQRS 系统中，输入和输出是完全解耦的。在我们的例子里，输入以命令形式发送给位置报送服务。

系统的客户端应用（移动、Web、IoT等）需要定期上报团队成员的新位置数据。它们将通过向位置报送服务发送更新来实现这一功能。

可从 GitHub 获得位置报告服务的完整源代码。

由于要以 API 优先的方式开发，我们先来考虑位置报送服务这个极其简单的 API，如表 6-1 所示。

表 6-1　位置报告服务的 API

资源	方法	描述
/api/members/{memberId}/locationreports	POST	报送新的位置

收到新报送的位置后，执行下列操作：

(1) 验证上报的数据。

(2) 将命令转换为事件。

(3) 生成事件，并用消息队列发送出去。

回顾前面事件溯源系统规则的相关讨论，事件处理过程无法使用事件流之外的信息。

我们的例子旨在检测附近的队友。这里涉及一个重要的问题：我们如何通过报送的位置引用的成员找到其所在的团队？

我们可将这些信息包含在上报的数据中，但这给客户端增加了维护这些信息的负担，而这些信息实际上并不属于客户端的职责或领域。例如，如果有一个原本用于每 30 秒报告GPS坐标的简易IoT设备,这个设备也需要定期通过某个服务来查询并发现团队信息吗?

人们常将这一问题称为"复杂度泄露"。系统的内部工作机制(或限制)可能泄露到服务之外并迫使客户端承受额外复杂度的负担。这里还可能违反了重要的康威定律。如果负责服务的团队与消费服务的客户端不在同一个团队,服务团队就很容易把复杂度强加给客户端,而不是付出努力来解决问题。

所以,如果事件处理器由于要遵守事件溯源的关键规则而无法在处理事件流的过程中查询团队成员信息,同时客户端/消费方也不应该承受维护团队成员信息的负担,应该怎么办?

随着越来越多地与响应式、分布式系统打交道,你会发现这种模式经常出现。解决这一特定问题——获取必要的信息并创建事件——应该是命令处理器的职责,命令处理器承担把命令转换为事件的职责。

在我们的例子里,命令处理器创建事件时需要使用合适的时间戳,它还需要获取团队成员信息(这是个变量,可能随时变化)并将这些信息置于事件之中。

这样,在事件发生时,系统就能按照预期,只在两个成员位于同一个团队时才检测附近的团队成员。这个问题如果不用事件溯源来解决,就可能由于未及时清理的缓存、没能保障消息处理的顺序,或者客户端同步问题等原因导致向团队成员们发出"误报"的接近提醒。

关于附近的队友这样一个误报的提醒没什么危害,其后果可能并不严重。但考虑一下,如果这个应用服务的是其他业务领域,情况会如何?假如这是一个财务应用,要处理财务交易的事件流;或者是一个安全系统,负责物理访问权限的授予和拒绝。在这些情况下,基于非事件流的其他形式的数据所造成的误报后果可能很严重。

1.创建位置报送控制器

在理解了要开发的应用及其背后的原理之后,我们来考虑用于处理我们唯一的 API 方法的简单控制器(代码清单 6-1)。

代码清单 6-1　LocationReportsController.cs

```
using System;
using Microsoft.AspNetCore.Mvc;
using StatlerWaldorfCorp.LocationReporter.Events;
using StatlerWaldorfCorp.LocationReporter.Models;
using StatlerWaldorfCorp.LocationReporter.Services;

namespace StatlerWaldorfCorp.LocationReporter.Controllers
{
[Route("/api/members/{memberId}/locationreports")]
```

```
public class LocationReportsController : Controller
{
    private ICommandEventConverter converter;
    private IEventEmitter eventEmitter;
    private ITeamServiceClient teamServiceClient;

    public LocationReportsController(
        ICommandEventConverter converter,
        IEventEmitter eventEmitter,
        ITeamServiceClient teamServiceClient) {

        this.converter = converter;
        this.eventEmitter = eventEmitter;
        this.teamServiceClient = teamServiceClient;
    }

    [HttpPost]
    public ActionResult PostLocationReport(Guid memberId,
        [FromBody]LocationReport locationReport)
    {
        MemberLocationRecordedEvent locationRecordedEvent =
            converter.CommandToEvent(locationReport);
        locationRecordedEvent.TeamID =
            teamServiceClient.GetTeamForMember(
            locationReport.MemberID);
        eventEmitter.EmitLocationRecordedEvent(
            locationRecordedEvent);

        return this.Created(
            $"/api/members/{memberId}/locationreports/
            {locationReport.ReportID}",
            locationReport);
    }
}
}
```

这个控制器只负责处理传入的 JSON 报文、将工作交接出去再用对应的 JSON 响应答复。从代码里可以看出,我们创建了一系列可供运行和测试期间注入的实用工具,例如 ICommandEventConverter、IEventEmitter 以及 ITeamServiceClient。

在过去的遗留 ASP.NET 应用中,这种模式可能并不普遍,但在现代化 ASP.NET(尤其是 ASP.NET Core)代码中到处都能见到这种做法。以注入方式获取完成实际业务处理的服务,控制器中的方法则尽量保持短小精悍。这使得控制器和实用工具类十分易于测试和维护。

命令转换器基于输入的命令创建基础事件,然后用团队服务的客户端获取成员所在团队的 ID(系统确保同一时刻一个人只属于一个团队)。最后,事件生成器负责把事件发往正确的地方。

由于所有这些都可以通过DI注入，并能以构造函数的方式注入给单元测试使用，我们可以轻松地让代码更简单、清晰，并易于维护。

2. 创建 AMQP 事件生成器

位置报送服务实际上非常小，除了控制器，最值得关注的部分是事件生成器。我们的示例服务把事件生成到一个由 RabbitMQ 支持的高级消息队列协议(AMQP, Advanced Message Queuing Protocol)的队列中。请看我们的 AMQP 事件生成器的代码(代码清单 6-2)。

代码清单 6-2　AMQPEventEmitter.cs

```
using System;
using System.Linq;
using System.Text;
using Microsoft.Extensions.Logging;
using Microsoft.Extensions.Options;
using RabbitMQ.Client;
using StatlerWaldorfCorp.LocationReporter.Models;

namespace StatlerWaldorfCorp.LocationReporter.Events
{
  public class AMQPEventEmitter : IEventEmitter
  {
    private readonly ILogger logger;
    private AMQPOptions rabbitOptions;
    private ConnectionFactory connectionFactory;

    public AMQPEventEmitter(ILogger<AMQPEventEmitter> logger,
      IOptions<AMQPOptions> amqpOptions)
    {
      this.logger = logger;
      this.rabbitOptions = amqpOptions.Value;

      connectionFactory = new ConnectionFactory();

      connectionFactory.UserName = rabbitOptions.Username;
      connectionFactory.Password = rabbitOptions.Password;
      connectionFactory.VirtualHost =
        rabbitOptions.VirtualHost;
      connectionFactory.HostName = rabbitOptions.HostName;
      connectionFactory.Uri = rabbitOptions.Uri;

      logger.LogInformation(
        "AMQP Event Emitter configured with URI {0}",
        rabbitOptions.Uri);
    }

    public const string QUEUE_LOCATIONRECORDED =
      "memberlocationrecorded";

    public void EmitLocationRecordedEvent(
```

```
      MemberLocationRecordedEvent locationRecordedEvent)
  {
      using (IConnection conn = connectionFactory.
        CreateConnection()) {
          using (IModel channel = conn.CreateModel()) {
            channel.QueueDeclare(
              queue: QUEUE_LOCATIONRECORDED, durable: false,
              exclusive: false,
              autoDelete: false,
              arguments: null
            );

            string jsonPayload =
              locationRecordedEvent.toJson();
            var body =
              Encoding.UTF8.GetBytes(jsonPayload);
            channel.BasicPublish(
              exchange: "",
              routingKey: QUEUE_LOCATIONRECORDED, basicProperties: null,
              body: body
            );
          }
      }
    }
  }
}
```

与控制器一样,我们把所需的支持性类型用接口方式通过构造函数参数注入进来。需要
在Startup类上配置好依赖注入,它们才能正常工作。

3. 配置并启动服务

AMQP 事件生成器类通过选项对象获取所需的信息来配置 RabbitMQ 连接工厂(译者注:
工厂是一种负责为其他类型创建实例的特殊类型。此处的连接工厂负责创建 RabbitMQ
连接的类型)。可在位置报送服务的 Startup 类里看到这些选项的配置过程(代码清
单 6-3)。

代码清单 6-3　src/StatlerWaldorfCorp.LocationReporter/Startup.cs

```
using Microsoft.AspNetCore.Builder;
using Microsoft.AspNetCore.Hosting;
using Microsoft.Extensions.Configuration;
using Microsoft.Extensions.DependencyInjection;
using System;
using Microsoft.Extensions.Logging;
using System.Linq;
using StatlerWaldorfCorp.LocationReporter.Models;
using StatlerWaldorfCorp.LocationReporter.Events;
using StatlerWaldorfCorp.LocationReporter.Services;

namespace StatlerWaldorfCorp.LocationReporter
```

```
{
  public class Startup
  {
    public Startup(IHostingEnvironment env,
      ILoggerFactory loggerFactory)
    {
      loggerFactory.AddConsole();
      loggerFactory.AddDebug();

      var builder = new ConfigurationBuilder()
        .SetBasePath(env.ContentRootPath)
        .AddJsonFile("appsettings.json",
          optional: false, reloadOnChange: false)
        .AddEnvironmentVariables();

      Configuration = builder.Build();
    }

    public IConfigurationRoot Configuration { get; }

    public void ConfigureServices(IServiceCollection services)
    {
      services.AddMvc();
      services.AddOptions();

      services
        .Configure<AMQPOptions>(
          Configuration.GetSection("amqp"));
      services
        .Configure<TeamServiceOptions>(
          Configuration.GetSection("teamservice"));

      services.AddSingleton(typeof(IEventEmitter),
        typeof(AMQPEventEmitter));
      services.AddSingleton(typeof(ICommandEventConverter),
        typeof(CommandEventConverter));
      services.AddSingleton(typeof(ITeamServiceClient),
        typeof(HttpTeamServiceClient));
    }

    public void Configure(IApplicationBuilder app,
      IHostingEnvironment env,
      ILoggerFactory loggerFactory,
      ITeamServiceClient teamServiceClient,
      IEventEmitter eventEmitter)
    {
      // 在启动期间请求单例中的实例
      // 以迫使更早初始化

      app.UseMvc();
    }
  }
}
```

加粗的那几行代码最为重要。最上面对Configure的两次调用让配置子系统把分别从amqp和teamservice节加载的配置选项以依赖注入的方式提供出来。

请记住，这些配置可由appsettings.json文件提供，也可以用环境变量覆盖。在生产环境，我们正是借助了从环境变量覆盖的机制，才让应用指向正确的RabbitMQ服务器和团队服务URL。

你可能注意到，我们在读取appsettings.json文件。这个文件包含一些默认的配置值，可用于配置RabbitMQ服务，以及供查询用的团队服务。切记，配置源的优先级顺序是由添加的顺序决定的，所以要确保先添加本地/默认的JSON设置，这样它们才能被覆盖。

我们的appsettings.json文件内容如下：

```
{
  "amqp": {
    "username": "guest",
    "password": "guest",
    "hostname": "localhost",
    "uri": "amqp://localhost:5672/",
    "virtualhost": "/"
  },
  "teamservice": {
    "url": "http://localhost:5001"
  }
}
```

4. 消费团队服务

启行位置报送服务之前，让我们先考虑ITeamServiceClient接口的HTTP实现（代码清单6-4）。可以注意到，团队服务的URL是从注入的配置选项上获取的，这与配置RabbitMQ客户端的方式一致。

代码清单 6-4　HttpTeamServiceClient.cs

```
using System;
using Microsoft.Extensions.Logging;
using Microsoft.Extensions.Options;
using System.Linq;
using System.Net.Http;
using System.Net.Http.Headers;
using Newtonsoft.Json;
using StatlerWaldorfCorp.LocationReporter.Models;

namespace StatlerWaldorfCorp.LocationReporter.Services
{
  public class HttpTeamServiceClient : ITeamServiceClient
  {
    private readonly ILogger logger;
    private HttpClient httpClient;
```

```csharp
    public HttpTeamServiceClient(
      IOptions<TeamServiceOptions> serviceOptions,
      ILogger<HttpTeamServiceClient> logger)
    {
      this.logger = logger;

      var url = serviceOptions.Value.Url;

      logger.LogInformation(
        "Team Service HTTP client using URL {0}",
        url);

      httpClient = new HttpClient();
      httpClient.BaseAddress = new Uri(url);
    }

    public Guid GetTeamForMember(Guid memberId)
    {
      httpClient.DefaultRequestHeaders.Accept.Clear();
      httpClient.DefaultRequestHeaders.Accept.Add(
        new MediaTypeWithQualityHeaderValue(
          "application/json"));

      HttpResponseMessage response =
        httpClient.GetAsync(
        String.Format("/members/{0}/team",
          memberId)).Result;

      TeamIDResponse teamIdResponse;
      if (response.IsSuccessStatusCode) {
        string json = response.Content
          .ReadAsStringAsync().Result;
        teamIdResponse =
          JsonConvert.DeserializeObject<TeamIDResponse>(
            json);
        return teamIdResponse.TeamID;
      } else {
        return Guid.Empty;
      }
    }
  }

  public class TeamIDResponse {
    public Guid TeamID { get; set; }
  }
}
```

在这个例子里，我们使用.Result属性在等待异步方法响应期间强行阻塞了线程。在生产
级质量的代码里，我们很可能要对此进行重构，确保在服务边界之内整个调用链都传递异
步结果。

代码里加粗的部分展示了这个客户端最重要的部分：从团队服务获取成员的团队关系。

在前面设计团队服务时，并不包含这一REST资源；后来为了支持本章的功能，才加入了它。

为了体验位置报送服务的效果，需要先在本地架设 RabbitMQ。其实也可以直接编写集成测试并利用云上的 Wercker 构建过程启动 RabbitMQ 测试实例，不过我喜欢先在本地体验一下，以便对系统运行状况有一个大致了解。

在Mac上，不管是安装新的 RabbitMQ，还是用 Docker 镜像启动一个带有管理控制台插件的RabbitMQ，应该都很容易(管理控制台的端口和队列服务的端口都要映射)。在Windows上，最简易的方法应该是直接在本地安装。有关安装和运行 RabbitMQ 的详细情况，请参阅文档。

5. 运行位置报送服务

RabbmitMQ 已经启动运行，默认的配置也指向了本地的RabbitMQ实例，此时可以用以下方式启动位置报送服务了(确保位于 src/StatlerWaldorfCorp.LocationReporter子目录中)：

```
$ dotnet restore
...
$ dotnet build
...
$ dotnet run --server.urls=http://0.0.0.0:9090
...
```

根据安装方式的不同，有可能不需要修改默认端口。服务运行后，只要向服务提交请求，就可以体验其功能了。提交请求最简单的方法之一就是在Chrome 里安装 Postman 插件，或者通过如下方式用curl命令提交 JSON 报文：

```
$ curl -X POST -d \
  '{"reportID": "...", \
     "origin": "...", "latitude": 10, "longitude": 20, \
     "memberID": "..."}' \
    http://...1e2 \
   /locationreports
```

提交完成后，应该能从服务获得一个 HTTP 201 响应，响应中包含Location头，其值类似于/api/members/4da420c6-fa0f-4754-9643-8302401821e2/locationreports/f74be394-0d03-4a2f-bb55-7ce680f31d7e。如果其他一切都工作正常，应该能在 RabbitMQ 管理控制台里看到 memberlocationrecorded 列表里有一个新消息，如图6-1所示。

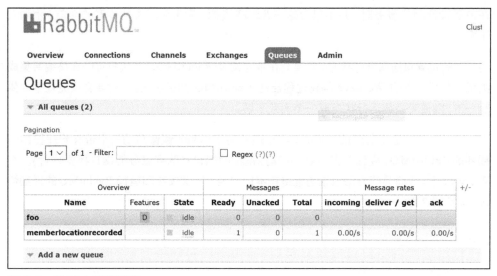

图 6-1　队列中的新消息

在同一个管理控制台里，如果想查看消息的内容，应该能够找到一条可以准确表示由我们
创建的事件对应的 JSON，包括创建时的时间戳，以及成员的团队信息，如图6-2所示。

图 6-2　展示列表中的消息

6.3.2　事件处理器

本章示例的主要目的是对团队中的成员是否相互处于一定范围进行检测。这部分工作是
由事件处理器完成的。事件处理器是这个系统中我们能做到的最接近纯函数的部分。

它的职责是消费来自流的事件,并执行合适的操作。这些操作可能包括向新的事件流生成新事件,或向事实服务(稍后会讨论)添加状态变更。

事件处理器的重要功能很多,其最核心部分是检测附近的队友。为了执行检测,我们需要懂得如何计算队友的 GPS 坐标之间的距离。

地理运算

实际上我们并不需要懂得如何计算 GPS 坐标之间的距离。Redis 提供了一种特殊类型的列表可以存储 GPS 坐标,而我们则可以利用 GEORADIUS 和 GEODIST 等命令来检测指定半径范围内的成员列表,并确定成员之间的距离。为演示事件处理器的职责,我们将在 C# 代码中进行计算,不过在生产代码的场景中,我们可能把这一过程交给 Redis。用它的地理哈希算法检测附近的队友要比 C# 代码快得多。如果有兴趣自行实现,可能需要尝试用与团队关系对应的集合(Set)来存储成员的位置;这样,基于团队的位置集合去查询 GEORADIUS 就能得到期望的效果。

这里就不展示相关的数学细节了,代码清单 6-5 的单元测试用来证明从互联网上的优秀作者那里借鉴来的数学实现。

代码清单 6-5　GPS 工具的单元测试

```
[Fact]
public void ProducesAccurateDistanceMeasurements()
{
  GpsUtility gpsUtility = new GpsUtility();
  GpsCoordinate losAngeles = new GpsCoordinate() {
    Latitude = 34.0522222,
    Longitude = -118.2427778
  };

  GpsCoordinate newYorkCity = new GpsCoordinate() {
    Latitude = 40.7141667,
    Longitude = -74.0063889
  };

  double distance =
    gpsUtility.DistanceBetweenPoints(losAngeles, newYorkCity);
  Assert.Equal(3933, Math.Round(distance)); // 3,933 km
  Assert.Equal(0,
    gpsUtility.DistanceBetweenPoints(losAngeles, losAngeles));
}
```

为确保代码整洁、可测试,我们把事件处理的职责划分为如下部分:

- 订阅队列并从事件流中获取新的消息。

- 将消息写入事件存储。

- 处理事件流（检测附近的队友）。

- 作为流的处理结果，生成新的消息并发送到队列。

- 作为流的处理结果，向事实服务的服务器／缓存提交状态变更情况。

与本书其他示例一样，这部分的完整代码也在 GitHub 上。为省去读者阅读整页代码的辛苦，此处将尝试只列出其中最重要的片段。

为检测附近的队友，我编写了一个基于 GPS 工具类的检测器（代码清单 6-6）。它的输入包括从流中获取到的事件、一系列队友和位置以及一个半径阈值。

代码清单 6-6　ProximityDetector.cs

```csharp
using System.Collections.Generic;
using StatlerWaldorfCorp.EventProcessor.Location;
using System.Linq;
using System;

namespace StatlerWaldorfCorp.EventProcessor.Events
{
  public class ProximityDetector
  {
    public ICollection<ProximityDetectedEvent>
      DetectProximityEvents(
        MemberLocationRecordedEvent memberLocationEvent,
        ICollection<MemberLocation> memberLocations,
        double distanceThreshold)
    {
      GpsUtility gpsUtility = new GpsUtility();
      GpsCoordinate sourceCoordinate = new GpsCoordinate() {
        Latitude = memberLocationEvent.Latitude,
        Longitude = memberLocationEvent.Longitude
      };

      return memberLocations.Where(
        ml => ml.MemberID != memberLocationEvent.MemberID &&
          gpsUtility.DistanceBetweenPoints(
            sourceCoordinate, ml.Location) <
          distanceThreshold)
        .Select( ml => {
          return new ProximityDetectedEvent() {
            SourceMemberID = memberLocationEvent.MemberID,
            TargetMemberID = ml.MemberID,
            DetectionTime = DateTime.UtcNow.Ticks,
            SourceMemberLocation = sourceCoordinate,
            TargetMemberLocation = ml.Location,
            MemberDistance =
              gpsUtility.DistanceBetweenPoints(
                sourceCoordinate, ml.Location)
          };
        }).ToList();
```

```
      }
    }
  }
```

接着我们就可以用这个方法的结果来产生对应的额外效果，例如可能需要发出一个
ProximityDetectedEvent事件，并将事件写入事件存储。

在我们所有的代码中，我们都拥抱整洁的面向对象原则，我们尽可能以接口形式把依赖注
入类中。这样，代码就易于理解，易于维护，并易于测试。

举例来说，负责响应传入消息、检测附近队友以及生成接近事件和更新事实缓存的高层代
码都是以这种方式编写的，所有实际工作都交给更小的类，它们体现了单一职责的原则。

代码清单6-7展示了作为主体的事件处理器的代码。

代码清单 6-7　Events/MemberLocationEventProcessor.cs

```
using System;
using System.Collections.Generic;
using Microsoft.Extensions.Logging;
using StatlerWaldorfCorp.EventProcessor.Location;
using StatlerWaldorfCorp.EventProcessor.Queues;

namespace StatlerWaldorfCorp.EventProcessor.Events
{
  public class MemberLocationEventProcessor : IEventProcessor
  {
    private ILogger logger;
    private IEventSubscriber subscriber;
    private IEventEmitter eventEmitter;
    private ProximityDetector proximityDetector;
    private ILocationCache locationCache;

    public MemberLocationEventProcessor(
      ILogger<MemberLocationEventProcessor> logger,
      IEventSubscriber eventSubscriber,
      IEventEmitter eventEmitter,
      ILocationCache locationCache)
    {
      this.logger = logger;
      this.subscriber = eventSubscriber;
      this.eventEmitter = eventEmitter;
      this.proximityDetector = new ProximityDetector();
      this.locationCache = locationCache;

      this.subscriber.
        MemberLocationRecordedEventReceived += (mlre) => {
          var memberLocations =
            locationCache.GetMemberLocations(mlre.TeamID);
          ICollection<ProximityDetectedEvent> proximityEvents =
            proximityDetector.DetectProximityEvents(mlre,
```

```
                memberLocations, 30.0f);
            foreach (var proximityEvent in proximityEvents) {
              eventEmitter.
                EmitProximityDetectedEvent(proximityEvent);
            }

            locationCache.Put(mlre.TeamID,
              new MemberLocation {
                MemberID = mlre.MemberID,
                Location = new GpsCoordinate {
                  Latitude = mlre.Latitude,
                  Longitude = mlre.Longitude
                }
              });
        };
    }

    public void Start() {
      this.subscriber.Subscribe();
    }

    public void Stop() {
      this.subscriber.Unsubscribe();
    }
  }
}
```

这个类的依赖项并不明显,但由于用作构造函数的参数而变成必填项。它们是:

- 一个当前类专属的 Logger 实例。

- 一个事件订阅器(负责告诉处理器,何时有新的 MemberLocationRecordedEvents 事件到达)。

- 一个事件生成器,允许处理器生成 ProximityDetectedEvents 事件。

- 一个本地缓存,可在事件处理器需要时,快速地存储和查询团队成员的当前位置。根据"事实"服务的具体设计方式,这个缓存可能是与事实服务共享的,也可能是一个副本。

事件处理服务唯一的额外职责是需要将收到的每个事件都写入事件存储。这样做的原因有很多,包括向其他服务提供可供搜索的历史记录。如果缓存崩溃、数据丢失,事件存储也可用于重建事实缓存。

如果你感觉有些冒险,可以参考目前已经编写的代码,按照用到的模式给 MemberLocationEventProcessor 添加一个事件存储接口,对它进行单元测试,再用集成测试确认事件会被记录。

> **缓存仅提供便利性**
>
> 请记住,缓存在架构里仅提供便利性,我们不应该在缓存中存储任何无法从其他位置重建的数据。如果代码没有命中缓存,那么它应该知道如何计算缓存中本来应该存储的数据,并据此更新缓存。如果没有命中缓存时无法运行代码,就需要重新评估架构方案或选择不同的工具了,例如选用完整的数据库以支持长期的持久化。
>
> 由于本书已经介绍过如何构造 Entity Framework 仓储,这里就不再详述了。代码清单位于 GitHub,如果需要,请自行前往查看。

Redis 位置缓存

位置缓存接口定义如下方法:

- GetMemberLocations(Guid teamId)
- Put(Guid teamId, MemberLocation location)

在实现这个缓存时,基于一系列原因,我决定采用 Redis。首先也是最重要的一点,它是一个非常易用的分布式缓存,而且异常强大,得到广泛采用,围绕它的开源社区也很活跃。最后,有不少云托管的解决方案可用,这让它成为我们的事实缓存的后端服务的理想选择。

Redis 远不止是一个缓存,它包含大量功能,可用于大幅改善本章的例子。不过这些可能超出本书的讨论范畴。

我们要给服务里的每一个团队创建一个 Redis 哈希(hash)。在哈希中,把由团队成员的位置经序列化得到的 JSON 正文存储为字段(团队成员的 ID 用作键)。这样就能轻松地并发更新多个团队成员的位置而不会覆盖数据,同时也很容易查询给定的任意团队的位置列表,因为团队就是一个个哈希。

请看下面的 redis-cli 会话,这是在我的一台开发机上,针对本地实例运行了几次集成测试后截取的:

```
127.0.0.1:6379> KEYS *
1) "0145c13c-0dde-446c-ae8b-405a5fc33c76" 2) "d23d529f-0c1e-470f-
a316-403b934b98e9" 3) "58265141-1859-41ef-8dfc-70b1e65e7d83" 4)
"26908092-cf9a-4c4f-b667-5086874c6b61" 5) "679c3fdb-e673-4e9d-
96dd-9a8388c76cc5" 6) "f5cb73c5-f87c-4b97-b4e6-5319dc4db491" 7)
"56195441-168d-4b19-a110-1984f729596e" 8) "49284102-36fd-49e6-a5fa-
f622ee3708f1" 9) "a4f4253b-df79-4f79-9eff-5d34a759f914"
2)   "d13a6760-8043-408d-9a05-dd220988a655"
127.0.0.1:6379> HGETALL 0145c13c-0dde-446c-ae8b-405a5fc33c76
1) "7284050e-f320-40a5-b739-6a1ab4045768"
2) "{\"MemberID\":\"7284050e-f320-40a5-b739-6a1ab4045768\",
```

```
        \"Location\":{\"Latitude\":40.7141667,\"Longitu
de\":-74.0063889}}"
3) "2cde3be8-113f-4088-b2ba-5c5fc3ebada8"
4) "{\"MemberID\":\"2cde3be8-113f-4088-b2ba-5c5fc3ebada8\",
   \"Location\":{\"Latitude\":40.7282,\"Longitude\":-73.7949}}"
```

其中显示了 10 个哈希键。每个哈希键都代表一个至少曾收到一次成员位置记录事件的团队。使用 HGETALL 命令，我们可以获取一个团队所有成员的位置对象的列表。

关于产生这些数据的集成测试的完整代码，请转到 GitHub 仓库。

6.3.3　事实服务

事实是主观的，正如前面讨论的那样，事实只是一种对客观事实的近似描绘，而真正的准确描绘实际上很少见。在为组件命名的过程中，我们试图找到一种尊重这一事实并能体现最终一致性的概念的方式，最终决定将这个服务称为事实服务。

如果把它称为状态服务，或者别的什么名字，暗示随时可通过查询它获得描述当前时刻整个系统的实时的、准确的状态信息，就可能误导消费方和开发人员。

事实服务负责维护每个团队成员的位置，不过这些位置只代表最近从一些应用那里收到的位置。我们不可能准确地知道人们当前在哪里；而只能说他们曾经出现在哪里，例如当他们最近提交命令并生成处理成功的事件时。

这使我们进一步认识到，事实是对过去所收到的信号的一种反应。

表 6-2 列出事实服务要公开的 API。

表 6-2　事实服务的 API

资源	方法	描述
/api/reality/members	GET	检索所有成员的最新已知位置
/api/reality/members/{memberId}	GET	检索单个成员的最新已知位置
/api/reality/members{memberId}	PUT	更新单个成员的最新已知位置

关于事实服务的这类服务，有两条重要的提醒需要记住：

- 事实服务并不是事件存储　事实仅为一种我们期待中会被消费方用到的状态的一种表现形式，一种提前构建、旨在支持 CQRS 模式下的查询操作的数据集。

- 事实服务是不可依赖的　支持系统的查询操作的事实缓存是不可依赖的。即使所有事实服务的实例都销毁了，我们要能够通过运行事件处理算法来重建它们。算法可能需要处理整个事件流，也可能只需要处理最新的快照之后所发生的事件。

本书已经涵盖的事实服务的代码要件如下。

- 基本的微服务结构（中间件、路由、配置、自启动的 Web 服务器）。
- 借助依赖注入提供配置选项和功能实现的实例。
- 一个与 Redis 缓存交互的类用于查询当前位置。
- 一个团队服务的客户端用于查询团队列表。

所以，这里不介绍事实服务的具体代码了，因为其中所有的内容在本书别处都有涵盖。如果你想创建自己的事实服务作为实操练习，我是强烈鼓励的。

6.3.4　位置接近监控器

事件处理器的输出是一个流，由检测到的位置接近事件所构成。在真实世界的生产级系统中，流的末尾会存在某种应用或者服务。

它等待事件的到来，并把有关事件已发生的消息通知给对应的下游组件。有可能发到网站上的一个通知，让单页应用更新其 UI；还可能是一条发往团队里来源成员与目标成员的移动设备上的通知。

位置接近监控器的代码包括：

- 基本的微服务结构。
- 一个队列消费端，订阅 ProximityDetectedEvent 事件到达的消息。
- 调用一些第三方或云上的服务来发送推送通知。

第 11 章会涉及实时应用程序，届时我们会讨论关于发布与响应推送通知，以及把客户端与服务端的应用进行实时集成的方法。本章不介绍真正进入位置接近监控器的代码。

6.4　运行示例项目

有很多方法可以运行本章创建的示例、检验目前所学的内容。最简单的方式就是利用安装在本地的服务，在开发机器上运行整个系统。

下面列出运行本章示例的依赖项。

RabbitMQ 服务器　可以在本地安装，也可以使用从 docker hub 下载的 Docker 镜像副本运行（要确保正确地绑定端口），还可以指向云上托管的 RabbitMQ 服务器。

Redis 服务器　与 RabbitMQ 一样，也可以在本地安装，用 Docker 镜像运行或者指向云上托管的 Redis 服务器。

GitHub 上包含配置了这些服务的 appsettings.json 文件，其中默认的运作模式假设各依赖项是运行在本地的，可以是直接安装的，也可以是从运行中的 Docker 镜像映射并公开的。

请参考对应网站上的说明来了解安装服务和运行 docker hub 镜像的相关资料。除了这些默认配置之外，不再需要其他配置和设置——这些服务会自行创建所需的哈希和队列。

6.4.1　启动服务

所有依赖项都启动运行后，可从 GitHub 拉取 es-locationreporter 和 es-eventprocessor 两个服务的代码。此外需要获取一份 teamservice 服务。请确保获取的是 master 分支，因为在测试期间只需要用到内存存储（而 location 分支则需要 Postgres 数据库）。

按照惯例，要在每个项目的 src/ 目录中为它们的主应用程序执行 dotnet restore 和 dotnet build。

要启动团队服务，在命令行中转到 src/StatlerWaldorfCorp.TeamService 目录并运行以下命令：

```
$ dotnet run --server.urls=http://0.0.0.0:5001
Hosting environment: Production
Content root path: (...)
Now listening on: http://0.0.0.0:5001
Application started. Press Ctrl+C to shut down.
```

要启动位置报送服务，在命令行中转到 src/StatlerWaldorfCorp.LocationReporter 目录并运行下面的命令：

```
$ dotnet run --server.urls=http://0.0.0.0:5002
info: StatlerWaldorfCorp.LocationReporter.Services
.HttpTeamServiceClient[0]
    Team Service HTTP client using URL http://localhost:5001
info: StatlerWaldorfCorp.LocationReporter.Events.AMQPEventEmitter[0]
    AMQP Event Emitter configured with URI amqp://localhost:5672/
Hosting environment: Production
Content root path: (...)
Now listening on: http://0.0.0.0:5002
Application started. Press Ctrl+C to shut down.
```

注意，它默认会在 5001 端口查找团队服务。因为我们需要同时启动这两个微服务，而它们都是 ASP.NET 服务（尽管事件处理器只侦听队列），所以要确保它们不会尝试使用相同的服务器端口。

现在，请启动事件处理器（从 src/StatlerWaldorfCorp.EventProcessor 目录运行）：

```
$ dotnet run --server.urls=http://0.0.0.0:5003
info: StatlerWaldorfCorp.EventProcessor.Queues.AMQP
.AMQPConnectionFactory[0]
```

```
    AMQP Connection configured for URI : amqp://localhost:5672/
info: StatlerWaldorfCorp.EventProcessor.Queues.AMQP
.AMQPEventSubscriber[0]
    Initialized event subscriber for queue memberlocationrecorded
info: StatlerWaldorfCorp.EventProcessor.Queues.AMQP
.AMQPConnectionFactory[0]
    AMQP Connection configured for URI : amqp://localhost:5672/
info: StatlerWaldorfCorp.EventProcessor.Queues.AMQP
.AMQPEventEmitter[0]
    Emitting events on queue proximitydetected
info: StatlerWaldorfCorp.EventProcessor.Location.Redis
.RedisLocationCache[0]
    Using redis location cache - 127.0.0.1:6379,
allowAdmin=False,ssl=False,abortConnect=True,resolveDns=False
info: StatlerWaldorfCorp.EventProcessor.Queues.AMQP
.AMQPEventSubscriber[0]
    Subscribed to queue.
Hosting environment: Production
Content root path: (...)
Now listening on: http://0.0.0.0:5003
Application started. Press Ctrl+C to shut down.
```

事件处理器的依赖很多，在启动期间会显示一系列调试信息，展示它尝试从哪里查找这些依赖。

现在，表6-3中的微服务和服务器都应该启动完成（斜体部分的服务器是第三方应用，并非本书所编写）。

表6-3　事件溯源示例的进程

服务	Docker 镜像	端口
RabbitMQ	rabbitmq:3.6.6	5672
Redis 缓存	redis:3.2.6	6379
团队服务	dotnetcoreservices/teamservice	5001
位置报送服务	dotnetcoreservices/locationreporter	5002
事件处理器	dotnetcoreservices/es-eventprocessor	5003
事实服务（可选）	dotnetcoreservices/es-reality	5004

如果你的电脑与我的类似，在小内存的笔记本电脑上运行这种级别的工作负载可能导致死机。如果感觉资源紧张，就应该试试只对书中构建的所有 .NET Core 服务运行 dotnet run，而 Redis 和 RabbitMQ 则用 Docker 运行。

6.4.2　提交示例数据

首先，如果你成功跟随本章到达这里，那么恭喜并感谢你的持之以恒。本章涉及很多材料和代码，以及大量可能对你来说全新的概念。

现在，你常用的 REST 客户端将给你带来收获。本书所有的示例都是用 Chrome 的 Postman 插件测试的，不过你可以使用命令行程序 curl 或其他工具给这些服务发送自定义的 HTTP 请求。

可用下列步骤端到端地检验整个事件溯源/CQRS 系统：

(1)向 http://localhost:5001/teams 发送一个 POST 请求，创建一个新团队。请从前面章节中的源代码了解其格式，不过 JSON 中所需的字段只有 id 和 name。请抄下新创建的团队的 GUID 以便使用。

(2)向 http://localhost:5001/teams/*<new guid>*/members 发送一个 POST 请求，往团队中添加一个成员。请抄下新创建的成员的 GUID 以便使用。

(3)向 http://localhost:5002/api/members/*<member guid>*/locationreports 发送一个 POST 请求，报送团队成员的位置。报送的位置包括ReportID、Latitude、Longitude、Origin、ReportID以及 MemberID字段。

(4)观察由报送的位置转换而成、被放到对应队列中的MemberLocationReportedEvent事件(默认队列是 memberlocationrecorded)。如果需要一些示例的经纬度，事件处理器的单元测试项目的 GpsUtilityTest 类里有不少。

(5)再重复几次第 3 步，添加一些相距较远的位置，确保不会触发并被检测到位置接近事件。

(6)重复第 2 步，往第一名测试成员所在团队添加一名新成员。

(7)为第二名成员再次重复第 3 步，添加一个与第一名成员最近的位置相距几公里以内的位置。

(8)现在应该能够在 proximitydetected 队列中看到一条新消息(可以使用 RabbitMQ 管理插件来查看队列，不需要编写代码)。

(9)可以直接查询 Redis 缓存，也可以利用事实服务来查看各团队成员最新的位置状态。

手动操作几次后，开发这类应用的大多数团队很快就会花些时间把这一过程自动化。理想情况下，借助docker compose之类的工具，或者创建 Kubernetes 部署，或是其他的容器编排环境，可自动将所有服务部署到集成测试环境。

接着用测试脚本发送前面提到的REST请求(次数很可能远远多于手动操作)。待测试运行完成后，断言出现了正确的接近检测的次数，值也是正确的。

我建议尽可能频繁地运行这些自动化测试，可以是每天，也可以是签入之后不久。这类测试套件不仅能帮我们为生产环境的运行做好准备，还能建立一个质量基线，在新编写的代码导致回归错误时发出警告。

6.5 本章小结

代码方面，本章并没有介绍什么强大或复杂的内容。不过，确实引入了一些架构概念，旨在允许多个微服务以协作方式支持应用程序的弹性伸缩，并响应互联网规模的吞吐量。

把系统视为一种事件溯源体系会产生一些效果——好的和不好的都有。本章创建了一个示例系统，其接收的命令要求记录团队成员的位置。命令系统接着对命令进行转译、增强并最终向系统注入将由事件处理器处理的事件。事件处理器负责检测并产生位置接近事件，从而允许系统其他部分在团队中成员的位置相互接近时发出通知。

ES/CQRS 当然不可能解决所有问题。在很多场景里，甚至完全是矫枉过正；而在另外一些场景里，它又可能不足以解决问题。还有很多第三方产品能够让数据以一种类似于 ES 的风格流经系统。在亲手开发了基于事件溯源的系列服务之后，你现在应该了解了这些产品的工作原理，以及更重要的是，人们为什么要用它们。

本章推荐了不少有助于读者练习的内容。如果想进一步强化用 ASP.NET Core 构建云原生、可伸缩服务的能力，我强烈推荐你完成这些练习。

第7章

开发 ASP.NET Core Web 应用

通常人们将微服务理解为一种以 HTTP 或 HTTPS 方式公开 RESTful API 的独立应用。我们还见过一些消息驱动形式的微服务，它们不公开 RESTful API，而以接收和发出消息的方式运行。

而 Web 应用是又一种类型的微服务。这种说法对于一些曾维护过臃肿的遗留单体 Web 应用的人来说，可能显得有些突兀。不过，在我看来，只要开发方法得当，一个 Web 应用就可以只是一个微服务：因为它的契约很明确，即其中一部分的端点会输出 HTML。

在本章，我们来探讨如何运用 ASP.NET Core 开发 Web 应用，同时将考察它在开发需要充分适应云环境的高性能、可伸缩、高可用 Web 应用时的情况；作为新技术，我们不希望它只能用来开发新版的遗留单体。

本章所有的代码都可从 GitHub 库获取。

7.1　ASP.NET Core 基础

在接下这部分，我们将逐一了解使用 ASP.NET Core 开发 Web 应用的基础知识。对于曾基于 .NET 开放 Web 接口 (Open Web Interface for .NET, OWIN) 开发过应用的人来说，这部分内容可能会非常熟悉；而对于来自纯 Web Forms 开发背景的人来说，就会显得十分陌生了。

如果你跟着本书此前的示例代码完成了练习，那么本节的很多内容你也会感到相当熟悉。你会注意到，在给基于视图的 Web 应用定义路由和控制器时，其过程与微服务中的做法有不少重合（特意这样设计）。

如果之前就有使用 .NET 开发应用的经验，那你可能会对迁移项目模板的难度记忆犹新。例如，我们无法先从一个控制台应用开始，再神奇地把它转换成 Web 应用。只能通过将所有业务代码复制出来，再粘贴到用正确模板创建的新项目里。庆幸的是，这个曾令开发人员困扰的问题在 .NET Core 世界里不会再有了。

在本章，我们将从一个命令行应用开始，并且在不借助任何模板、脚手架和向导的情况下，最终得到一个功能完整的 Web 应用。当然，Visual Studio 的向导能简化这一过程，如果你想用也可以，不过我将展示手动操作的过程，从而坚持我们借助最少量的代码解决尽量多问题的想法。

如果想了解由微软提供的内置脚手架，可以输入 dotnet new mvc --auth none。

在本节其余部分，我们将从头开始，以便你能清晰地了解自动生成的模板是如何从一个完全空白的应用演变而来的。

回顾一下我们在第 1 章开发的 Hello World 示例，在运行 dotnet new console 命令之后，我们首先得到一个 Program.cs 文件，其中的代码为：

```
public class Program
{
    public static void Main(string[] args) {
        Console.WriteLine("Hello World!");
    }
}
```

然后我们修改 Program.cs 文件，添加了配置支持，并启用了 Kestrel Web 服务器，如下所示：

```
public static void Main(string[] args) {
    var config = new ConfigurationBuilder()
                    .AddCommandLine(args)
                    .Build();
    var host = new WebHostBuilder()
                    .UseContentRoot(Directory.GetCurrentDirectory())
                    .UseKestrel()
                    .UseStartup<Startup>()
                    .UseConfiguration(config)
                    .Build();
    host.Run();
}
```

注意其中用到的 UseContentRoot 方法。调用它是为了让应用在启动之后能够找到所有支持性文件，如 .cshtml 视图文件。

之后添加了一个 Startup 类，用于配置默认的中间件，它对所有 HTTP 请求都返回 "Hello World" 响应。

```
public class Startup
{
    public Startup(IHostingEnvironment env)
    {
    }

    public void Configure(IApplicationBuilder app,
        IHostingEnvironment env,
        ILoggerFactory loggerFactory)
    {
        app.Run(async (context) =>
        {
            await context.Response.WriteAsync("Hello World");
        });
    }
}
```

我们还添加了以下 NuGet 包作为项目的依赖：

- Microsoft.AspNetCore 所有 ASP.NET 应用都需要的基本构件。

- Microsoft.AspNetCore.Server. Kestrel Kestrel Web 服务器。

- Microsoft.Extensions.Configuration.CommandLine 用于分析命令行参数的扩展工具。在通过命令行选项更改应用侦听的端口时需要用到。

现在，理论上我们已经有了一个能够正常运行的 ASP.NET Web 应用，不过它只有一个没什么实际用途的简陋中间件。我们对微服务的控制器路由已经有了丰富的经验，接下来该研究 MVC 里的 M 和 V 了：即模型和视图（译者注：模型和视图的英语分别为 Model 和 View，对应 MVC 里的 M 和 V；而 C 则指代 Controller，即控制器）。

利用简化后的项目文件语法，我们可直接在项目文件开头处声明要使用的 Web SDK(Microsoft.NET.Sdk.Web)，这样就不需要显式声明某些依赖了。

```
<Project Sdk="Microsoft.NET.Sdk.Web">
    <PropertyGroup>
        <TargetFramework>netcoreapp1.1</TargetFramework>
    </PropertyGroup>
    <ItemGroup>
        <PackageReference Include="Microsoft.AspNetCore"
            Version="1.1.1" />
        <PackageReference Include="Microsoft.AspNetCore.Mvc"
            Version="1.1.2" />
        <PackageReference Include="Microsoft.AspNetCore.StaticFiles"
            Version="1.1.1" />
        <PackageReference Include="Microsoft.Extensions.Logging.Debug"
            Version="1.1.1" />
        <PackageReference Include="Microsoft.VisualStudio.Web.BrowserLink"
            Version="1.1.0" />
        <PackageReference Include="Microsoft.Extensions.Configuration"
            Version="1.1.1"/>
```

```
        <PackageReference
            Include="Microsoft.Extensions.Options.
    ConfigurationExtensions"
            Version="1.1.1"/>
        <PackageReference Include="Microsoft.Extensions.Configuration.Json"
            Version="1.1.1"/>
        <PackageReference Include="Microsoft.Extensions.Configuration.CommandLine"
            Version="1.1.1"/>
    </ItemGroup>
</Project>
```

7.1.1　添加 ASP.NET MVC 中间件

这一节探讨如何将上面这个在简单的控制台应用中与 Kestrel Web 服务器配合的"Hello World"中间件变成我们更熟悉的MVC中间件。

向其中加入对MVC框架的支持，以及我们都熟悉的默认路由格式。为此，只需要在 Startup类中将用于配置中间件的app.Use 替换为 UseMvc 扩展方法，Startup 类更新之后如下所示(代码清单7-1)。

代码清单 7-1　Startup.cs

```
using Microsoft.AspNetCore.Builder;
using Microsoft.AspNetCore.Hosting;
using Microsoft.Extensions.Logging;
using Microsoft.Extensions.DependencyInjection;

namespace StatlerWaldorfCorp.WebApp
{
    public class Startup {
        public Startup(IHostingEnvironment env)
        {

        }

        public void ConfigureServices(IServiceCollection services)
        {
            services.AddMvc();
        }

        public void Configure(IApplicationBuilder app,
            IHostingEnvironment env, ILoggerFactory loggerFactory)
        {
            app.UseMvc(routes =>
            {
                routes.MapRoute("default",
                    template:
                    "{controller=Home}/{action=Index}/{id?}");
            });
        }
    }
}
```

为让它生效，我们还需要添加 NuGet 包依赖：Microsoft.AspNetCore.Mvc。

这一点体现出 .NET Core 的模块化设计。我们需要的所有功能都是按需取用的，而不需要依赖一个包罗万象的框架，其中包含很多根本用不到的代码。

如果以前有过 ASP.NET MVC 开发经验，应该会对上面的默认路由感到熟悉。接下来，使用我们常用的命令行工具(dotnet restore, dotnet run)启动应用，以查看效果。无论使用哪个路由，都应该只收到 404 响应，因为我们还没有声明控制器。

7.1.2　添加控制器

我们在书上很多地方都见过控制器——在公开 RESTful API 时，我们用到的正是控制器。接下来创建一个默认(home)控制器，返回一些文本，然后继续。

在 ASP.NET 应用里，有很多广泛讨论的"争议话题"，它们也常是开发人员和架构师们产生分歧的话题。控制器的职责和大小就是诸多可能继续争论不休的话题之一，我个人认为控制器应该尽可能小。

控制器专门负责：

(1)接收来自 HTTP 请求的输入。

(2)将输入转交给与 HTTP 通信、JSON 解析无关的服务类处理。

(3)返回合适的响应代码及正文。

也就是说，我们的控制器应该非常小。它们除了对测试完备、能够在 Web 请求上下文之外运行的组件进行包装之外，别无其他。

要向项目中添加控制器，我们先创建一个新文件夹 Controllers，在其中添加 HomeController 类文件(代码清单 7-2)。

代码清单 7-2　HomeController.cs

```
using Microsoft.AspNetCore.Mvc;
namespace StatlerWaldorfCorp.Controllers
{
    public class HomeController : Controller
    {
        public string Index()
        {
            return "Hello World";
        }
    }
}
```

只要向文件中加入上面的内容，此前创建的路由就能自动检测到这个控制器并让它生效。

从命令行运行应用，并访问主页的 URL(例如，http://localhost:5000 或指定的其他端口)，就能从浏览器里看到"Hello World!"文字。

7.1.3　添加模型

当控制器和视图向用户呈现与应用交互的具体形式时，模型将承载所需的数据。本书并非专门讲解 ASP.NET MVC Web 应用的开发，因而不会详细讲解模型的所有能力，例如自动验证等。

为简化讨论，在代码清单7-3中，我们创建了一个用于表示股票报价的简单模型(新建一个Models文件夹)。

代码清单 7-3　StockQuote.cs

```
namespace StatlerWaldorfCorp.WebApp.Models
{
    public class StockQuote
    {
        public string Symbol { get; set; }
        public int Price { get; set; }
    }
}
```

关于在模型中存储货币值的提示

你可能注意到上面股票报价中用的是整数类型。这样做的原因有很多，其中最重要的一点源自一次假日期间凌晨两点发生的灾难性系统事故。我们日常使用的编程语言在处理"财务运算"的过程中，无法正确地为小数保留有效数字。长期下来，人们形成了一个传统，就是直接用整数完成所有运算(最后两位表示货币的角、分)，只有在最终要向用户呈现时，才将值转换为带小数的元、角、分形式。

7.1.4　添加视图

有了控制器和模型后，现在我们来开发一个视图，用服务端模板渲染的方式把数据呈现出去。与控制器和模型的情况类似，控制器在定位与其对应的视图时，也有一条默认的约定规则。

例如，如果要为 HomeController 的 Index 方法创建视图，就需要把视图存储为 Index.cshtml，并置于 Views/Home 目录中。代码清单7-4是一个用于呈现股票报价模型的示例视图。

代码清单 7-4　Views/Home/Index.cshtml

```
<html>
<head>
    <title>Hello world</title>
```

```
    </head>
    <body>
        <h1>Hello World</h1>
        <div>
            <h2>Stock Quote</h2>
            <div>
                Symbol: @Model.Symbol<br/>
                Price: $@Model.Price<br/>
            </div>
        </div>
    </body>
</html>
```

现在，我们可以修改HomeController，不再返回示例文本，而是呈现视图：

```
using Microsoft.AspNetCore.Mvc;
using System.Threading.Tasks;
using webapp.Models;

namespace webapp.Controllers
{
    public class HomeController : Controller
    {
        public async Task<IActionResult> Index()
        {
            var model = new StockQuote { Symbol = "HLLO",
                                         Price = 3200 };
            return View(model); }
    }
}
```

如果现在运行应用，很可能会收到 HTTP 500 响应。由于我们开发的是 Web 应用，因而一定希望能查看所发生错误的堆栈信息。可以向 Startup 类的 Configure 方法中加入一行调用 UseDeveloperExceptionPage 的代码，实现这一需求。

下面是更新后的完整Startup类：

```
using Microsoft.AspNetCore.Builder;
using Microsoft.AspNetCore.Hosting;
using Microsoft.Extensions.Logging;
using Microsoft.Extensions.DependencyInjection;
using Microsoft.Extensions.Configuration;

namespace StatlerWaldorfCorp.WebApp
{
    public class Startup
    {
        public Startup(IHostingEnvironment env)
        {
            var builder = new ConfigurationBuilder()
                .SetBasePath(env.ContentRootPath)
                .AddEnvironmentVariables();
```

```
            Configuration = builder.Build();
        }

        public IConfiguration Configuration { get; set; }

        public void ConfigureServices(IServiceCollection services)
        {
            services.AddMvc();
        }

        public void Configure(IApplicationBuilder app,
            IHostingEnvironment env, ILoggerFactory loggerFactory)
        {
            loggerFactory.AddConsole();
            loggerFactory.AddDebug();
            app.UseDeveloperExceptionPage();
            app.UseMvc(routes =>
            {
                routes.MapRoute("default",
                  template: "{controller=Home}/{action=Index}/{id?}");
            });
            app.UseStaticFiles();
        }
    }
}
```

要了解 ASP.NET 应用的完整依赖项清单,请查看 GitHub 库中的 .csproj 文件。

有了新的 Startup 类,我们应该能够通过 dotnet restore 以及 dotnet run 启动应用。当主页被访问时,控制器、视图和模型就会协作联动,最终向浏览器呈现一个 HTML 页面。如图 7-1 所示。

图 7-1 使用了 ASP.NET Core 模型、视图和控制器

7.1.5 从 JavaScript 中调用 REST API

在过去的 ASP.NET 应用开发中,一般会将请求提交到服务器,在服务器完成大量处理工作,而用户负责接收渲染完成的 HTML。页面上的动态部分完全由服务端通过模板技术实现。

过去，实现这一过程的技术有经典的 Web Forms 技术(.aspx 文件)，以及本章介绍的渲染方式——MVC 模板渲染。现代 Web 应用开发人员认为，这两种方式的服务端模板渲染都已经"过时"。现在，最常见的 Web 应用形态是单页应用(Single Page Application, SPA)，页面在浏览器中加载之后，使用一个或多个 API 完成通信——不需要服务端模板渲染。

在单页应用中，服务端输出的 HTML 包含用于引入大量 JavaScript 的链接。这些 JavaScript 在客户端浏览器中加载后，通过与 Web 应用所公开的 RESTful API 交互，向最终用户提供他们期待的现代化 Web 和移动应用体验。

本书介绍过很多关于如何公开 RESTful API 的例子，因此向本章开发的项目添加一个 API 端点应该相当简单了。首先，我们通过添加新的控制器来创建 API 端点，即 ApiController(代码清单 7-5)。

代码清单 7-5　Controllers/ApiController.cs

```
using Microsoft.AspNetCore.Mvc;
using webapp.Models;

namespace webapp.Controllers
{
    [Route("api/test")]
    public class ApiController : Controller
    {
        [HttpGet]
        public IActionResult GetTest()
        {
            return this.Ok(new StockQuote
            {
                Symbol = "API",
                Price = 9999
            });
        }
    }
}
```

如果现在再运行应用，可以打开浏览器并访问 http://localhost:5000/api/test，应该能看到一个 JSON 响应(默认使用小写的属性名)，类似于：

```
{
    "symbol" : "API",
    "price" : 9999
}
```

这就是单页应用(无论用 Angular 1、Angular 2、React/Flux，还是其他时髦的框架所编写)中 JavaScript 从客户端调用的典型场景。

再强调一次，公开 API 的控制器应该简单而小巧。这些 API 控制器应该把实际工作移交给其他组件，理想情况下，那些组件还应该再移交给生态中的后端服务。

单一职责原则与服务

在修改业务逻辑或数据功能的核心实现时，要避免更新应用的 GUI 部分（即 ASP.NET MVC 应用及其涉及的上层 API）。GUI 是一个微服务，也应该符合其他所有服务固守的"微服务足够小"原则。

有了可供消费的 API 后，现在来修改我们唯一的视图，让它调用 JavaScript 来消费这个API(代码清单7-6)。

代码清单 7-6　Views/Index.cshtml(修改后)

```html
<html>
<head>
    <title>Hello world</title>
    <script src="https://ajax.googleapis.com/ajax/libs/jquery/1.10.2/jquery.min.js">
    </script>
    <script src="/wwwroot/Scripts/hello.js"></script>
</head>
<body>
    <h1>Hello World</h1>
    <div>
        <h2>Stock Quote</h2>
        <div>
            Symbol: @Model.Symbol<br/>
            Price: $@Model.Price<br/>
        </div>
    </div>
    <br/>
    <div>
        <p class="quote-symbol">The Symbol is </p>
        <p class="quote-price">The price is $</p>
    </div>
</body>
</html>
```

注意，这里决定引入 jQuery，以及一个新脚本hello.js。我们按照约定，把它添加到名为wwwroot 的新目录。由于我们的目标是保持简单，并集中精力关注本书的目标——为云开发服务，因此希望避免陷入客户端 JavaScript 框架的阵营分歧（译者注：这里指的是一些人认为不应该再使用 jQuery，而另一些人则持不同意见）。

hello.js 会在页面就绪后，消费我们的 API，并将数据调用的结果附加到页面上新添加的段落标签(<p>标签)末尾。hello.js的源代码如代码清单7-7所示。

```javascript
$(document).ready(function () {
    $.ajax({
        url: "/api/test"
    }).then(function (data) {
        $('.quote-symbol').append(data.symbol);
        $('.quote-price').append(data.price);
    });
});
```

这些jQuery代码非常直观,它们向API端点发送Ajax请求,返回的对象会包含 symbol 和 price 属性,它们将被附加到新添加的段落标签之中。

静态文件(如图片资源、样式表和JavaScript文件)是通过在Startup类中调用UseStaticFiles 扩展方法提供给浏览器的。如果没有它,访问存储在wwwroot目录中的文件时,浏览器就会收到 404"未找到"错误代码。

通过在Startup类的构造函数里调用SetBasePath方法,我们设置过内容的根目录(运行应用时,在调试输出中可以查看具体信息),这样才能使静态文件默认指向 wwwroot 目录。如果希望使用其他相对路径,则需要在调用扩展方法时配置其选项(译者注:这里指的是配置调用 UseStaticFiles 扩展方法时的选项)。

现在,如果启动应用,加载 http://localhost:5000,应该就能看到期待的效果。结果如图 7-2 所示。

图7-2   在视图中使用 JavaScript 消费 API 端点

7.2   开发云原生 Web 应用

本章重点关注底层细节,介绍了在 .NET Core 中,通过每次增加尽可能少的代码,逐步把一个控制台应用,迭代式地朝着越来越接近 ASP.NET Web 应用的方向推进的过程。

本书的终极目标并不是介绍开发 Web 应用的技术细节,而是讲述如何使用 .NET Core 开发功能强大、性能优异、具有高可伸缩性和韧性、能充分利用云优势的微服务。后续章节将专注于实现云原生模式，以及要让开发的应用成为云原生生态中的"好公民"需要关注的方方面面。

请记住，Web 界面只是一种特殊形式的微服务。在这一节，我节选了一些从我出版的小册子《超越十二因子应用》中提炼的准则，它们对 ASP.NET Core 开发人员有一些特别的效用。在学习本书后续章节前，如果没能理解它们，必将受到劈头盖脸的打击。

7.2.1 API 优先

在开发消费其他服务的应用时，只有先了解服务 API 的公开契约，应用的开发工作才能展开。可以用很多技术（如 API 蓝图）发布 API、为 API 编写文档。

无论使用哪个工具，始终要遵守"以 API 为前提考虑服务之间的连接"这一铁律，这能让企业受益良多，长期坚持更能省去大量麻烦。

稍后讨论一些动态发现后端服务所在位置(URL)的技术，这也是几乎每个开发微服务的企业都会遇到的问题。

7.2.2 配置

到目前为止，除了偶尔出现的数据库连接字符串和后端服务的 URL，我们还没有涉及太多配置。为向多个环境交付微服务，以及向外界交付具有弹性的应用（蓝绿交付），就需要考虑在应用之外存储配置了。

在小册子中，提到这一需求时，我建议把代码、配置和登录凭据视为混合物中的易挥发物质。稍后会探讨很多工具，能帮我们将原本位于 web.config 或 appsettings.json 文件中的配置数据提取出来，并外置到更安全可靠的位置，最好是能对变更进行审计并提供多重安全保障的位置。

7.2.3 日志

在云环境中，应用运行期间所处的文件系统应被视为临时存续资源。用于支持应用的磁盘可能随时被移除，而应用的实例则被终止并在另一个城市、国家甚至大陆上重新启动。

因此，应用诊断、活动分析不能依赖于此类物理文件。

几乎所有 PaaS 平台都建议应用开发人员把所有提示消息输出到 stdout(也就是 .NET 开发人员说的控制台)。然后由 PaaS 平台负责收集这些日志，并将它们传输给一个供你按需要执行聚合、归档和分析操作的服务。

这大大简化了服务本身和应用开发人员的工作。不需要复杂的日志系统和滚动式文件存储机制,也不需要在应用中嵌入释放日志队列的逻辑。我们只需要写入 stdout 或者 stderr,然后把繁重的工作交给系统拓扑中的其他组件。

7.2.4　会话状态

从只运行应用的一个实例,到使用单个物理机或者虚拟的 Web 场运行多个实例的过程中,我们需要改变的不仅是思维,还包括一些代码和配置。那么,当把应用放到云上运行时,我们需要再一次改变思维。

云原生 Web 应用基本上不可能再使用基于内存的会话状态了,而必须使用进程外的提供程序。不管是常见的向导所介绍的易用的 SQL Server 会话状态,还是类似于 Redis 或者 Gemfire 的其他技术,其需求都是相同的:把应用部署到云上时,无法使用基于内存的会话状态。

如果进一步讨论状态,实际上我们永远都不应该在内存中存储任何存续超过一个 HTTP 请求的生命周期的数据。如果有数据需要超过这一限制,很可能应该由后端服务或进程外缓存来负责。

7.2.5　数据保护

有一项工作常以应用的身份静默完成,它就是数据保护。我们用到的一些中间件可能会对数据进行加密解密,而我们自己却没有真正了解过。

这种方式运转良好,我们基本什么都不需要操心……,直到当我们尝试把应用放到云上运行。

我们假设一部分状态由应用的某个实例(如实例 0)加密,并返回给客户端。客户端下次调用应用时,请求被引向实例1(当应用的多个实例位于云上的反向代理,或实施负载均衡时,这是其中用到的一种常见的轮询调度路由协议)。客户端向其提供已加密的数据,但这个应用实例却无法解密。为什么会这样?问题出在哪里?

通常,这时会由应用本身(也可由一部分中间件代表应用)创建一个全新的加密密钥,并将其存储于本地,置于本地文件系统。相信你记得,在本地文件系统存储数据是让所有云原生行为失效的快速方法。我们知道,实例 1 无法查看实例 0 文件系统上的数据,即便它们位于同一虚拟机也行不通,因为 PaaS 平台只负责对容器进行隔离。

因此,现在我们需要牢记,如果涉及数据保护,"进程外存储"的思路同样适用于密钥存储。我们要使用一种现成的密钥保管库,可以是基于云的密钥保管库,也可以是基于 Redis 或其他数据库制作的定制解决方案。

这反映出一条关键结论：云原生方法远不是简单的堆砌工具，而在于流程和范式的转变。

7.2.6 后端服务

在前面我就说过，这里再次强调——我们永远也不可能享受到在真空中开发单个微服务的奢侈。本书到目前为止，我们以一种费力的方式"发现"后端服务，有时通过投机取巧、硬编码 URL，有时把它们置于配置文件中。

后端服务的位置和形态应该通过运行环境提供给我们，而不应该通过配置或者代码提供（请参阅前面有关把代码、配置和登录凭据视为混合物中的易挥发物质的说法）。

遍布本书，我将展示多种实现后端服务的发现和监控的方式，接下来有一章将专门讨论基于 Eureka 的 Netflix OSS 工具进行动态服务发现的话题。

7.2.7 环境均等

在过去，.NET 开发人员社区的人们认为，对于多个 Web.config 文件的支持是一个优秀特性，一般每组环境对应一个。

开发人员在开发机器上维护一个配置文件，用于在所有开发环境中共享；预生产环境也有一个，用于测试保障；还有一个用于验收测试；最后还有一个或多个供生产环境使用。

最终我们的解决方案中将包含Web.DEV.config，以及Web.QA.config、Web.UAT.config等。所有人都对这一思路根深蒂固，以至Visual Studio的解决方案管理器甚至提供了对这种方式的原生支持，可将所有环境相关的配置文件集中到单个 Web.config 文件中。

如今这被认为是一种反模式。它并没有将配置外置，也没有从环境本身获取配置数据。违反了"允许代码、凭据和配置相互访问"的基本原则。

可以往应用代码的源代码管理中签入的配置值只能是那些不会随着环境变化而改变的值。

在现实世界中运用这一规则，通常会把应用的配置文件减少到要么完全没有，要么只包含非常少的内容。

这对于普通的 .NET Core 开发人员带来的影响就是，无论是以直接还是间接的方式，应用的启动期间必须调用AddCommandLine和AddEnvironmentVariables这两个方法。

此外，与特定环境相关的配置数据也应该置于应用之外，我们将用一整章的篇幅来讨论解决这个问题的技术。

7.2.8　端口绑定

端口绑定指的是，在选择用于运行应用的端口时，应用只能被动接受。也就是说，PaaS 环境需要通知应用，在当前托管应用所在的专用容器中，为它保留的是哪个端口。

这一端口有可能（而且几乎每次都会）在应用的多次启动期间发生改变。一些 WCF 端口绑定之类的遗留代码会尝试直接绑定到物理机或虚拟机的特定端口，它们无法与"基于容器的端口绑定"思想兼容。

为支持各种云环境这种从容器指定端口的模式，应用需要支持让命令行通过 server.urls 属性覆盖 Web 服务的 URL，如下所示：

```
dotnet run --server.urls=http://0.0.0.0:90210
```

PaaS 平台通常使用名为 PORT 的环境变量向应用指定应该绑定的端口。这意味着应用需要读入环境变量，并且让代码通过注入 IConfiguration 实例访问其值。为实现这一功能，需要确保应用同时调用了 AddCommandLine 以及 AddEnvironmentVariables 两个方法。

不管是使用 docker compose，部署到 Kubernetes，还是使用 AWS、Azure 或者 GCP，应用要想在云环境中运行良好，就要能接受为它预设的任何端口号。

7.2.9　遥测

在本地环境中，随时可将使用任何调试器和诊断设施进行监控，而在云环境中，监控方式大不相同。无论是传统的 ASP.NET 应用，还是 .NET Core 服务，都是如此。

我不打算推荐应该选用哪些监控工具，我更希望你尝试把部署到 PaaS 中的应用视为发送到轨道上的卫星。以这种的方式看待它们，将能引领你选择合适的监控工具，并对发往 stdout 和 stderr 的日志进行甄别（我知道你会把它们集成到诸如 Splunk 或 SumoLogic 的工具再访问）。

7.2.10　身份验证和授权

云环境中的应用和服务的安全不应该与运行于自己数据中心的传统 Web 应用有太大区别。不过，由于明确知道应用在物理上运行于靠近运营中心的位置，这一便利能让人们走很多"捷径"。

对于内网部署的应用来说，最容易走的捷径就是使用 Windows 授权，从基于 Kerberos 的浏览器发起的身份核实过程中获取用户的信息。当服务运行于临时分配的操作系统上，而且很可能不是 Windows(因为我们使用 .NET Core)时，这将无法工作。即便是 Windows，如果没有加入能支持 Windows 鉴权的特定工作组或者域，也是行不通的。

不必担心，后面将有一整章专门讨论云环境中的 Web 应用安全和微服务安全的话题，届时我会列举丰富的示例以演示如何解决这一问题。

7.3　本章小结

在本章，我们学到了 ASP.NET Core MVC 应用实际上也只是一种微服务。只不过它们除了能够输出简单的文本和 JSON 报文，还带有一种特殊的中间件，支持在端点上渲染模板化的 HTML。

这背后的目的不在于教会你如何开发绚丽的 Web 应用；相反，它是为了展示在不使用向导和 IDE 模板的情况下，如何渐进地将一个控制台应用改造为 Web 应用。了解添加必要的依赖、配置和中间件的过程，让我们切实地感受 Web 应用与微服务之间的差异是何等微小。

我们还讨论了在开发为云量身定制的应用和服务时，必然遇到的一系列问题和议题。至此，你应该已经为本书其余部分做好了准备，接下来我们会立即进入云原生的海洋，着手解决在开发完整的服务生态系统过程中出现的问题，而不只是独立地开发单一服务。

第8章

服务发现

本书前面讨论了开发常见微服务、配置后端服务、使用后端服务、与数据库集成以及开发 Web 服务用到的概念和代码。

我们还花了不少时间和精力来讨论事件溯源和 CQRS 模式，以及如何使用它们，基于一组相关的微服务来开发大型应用。

本章延续前面的思路，即我们不是在真空中开发单个服务；我们要创建能由其他服务消费，或者消费其他服务的微服务。

面对大量服务，为简化配置和管理工作，我们需要了解"服务发现"(Service Discovery)概念。

8.1　回顾云原生特性

在真正进入服务发现的细节前，有必要简单回顾一下云原生的"十二因子"中与接下来要开发的程序紧密相关的两个重要特性：配置外置和后端服务。

8.1.1　配置外置

本书反复提到，开发云友好的应用的关键就在于正确处理配置。

不妨回顾一下配置外置之前的情景。多少次，你曾在自己的应用中见过（或写过）如下的代码？

```
using (var httpClient = new HttpClient()) {
    httpClient.BaseAddress = new Uri("http://foo.bar/baz");
    ...
}
```

后端服务的地址被硬编码在代码中。当代码被提交到源代码管理后，URL 就原封不动地留存在那里。如果把登录凭据放到 URL 中，问题就更大了。这些值难以随着部署环境的变化而修改：每次需要修改 URL 中的域名，都需要重新编译。

人们注意到这个问题后，一般会将这些 URL 从 C# 代码放到 web.config 或与环境相关的 web.<*environment*>.config 等配置文件里。然后把这些配置文件签入源代码管理仓库中。我们天真地以为这样问题就得到解决了。

然而，任何签入源代码管理中的配置其实与硬编码并没有本质区别。我们应该将配置文件（web.config、appsettings.json 等）中设置的值视为源代码的一部分。那么，登录凭据、URL 以及环境相关的设置就根本不应该出现在这些文件里。

演进路线的下一步是将 URL 和登录凭据移到配置文件和 C# 代码之外，放到环境变量中。这样能让代码运行所需的配置参数更明确，而把提供这些配置值的责任交还给运行环境。

不管是直接使用虚拟机、Docker 镜像，或者某种高度封装的 PaaS，都应该有安全地往应用注入环境变量的方法。

8.1.2 后端服务

尽管这个概念有点老调重弹，你可能都有些厌烦，但这里还是有必要再提一次，应用的任何依赖都应该被视为后端服务。

不管程序需要的是二进制存储、数据库、另一个服务、队列服务，还是其他类型的依赖，这些设施都应该松耦合，并能从环境变量中配置。

把资源绑定为后端服务有两种方式：静态绑定和动态（在运行期间）绑定。本书到目前为止只涉及静态绑定。

1.静态资源绑定

在此前的示例中，我们用到的都是静态资源绑定的方式。虽然我们配置数据库连接、Web 服务和队列服务时，也提供了根据特定环境覆盖默认配置值的能力，从而为不同环境连接不同的数据库、Web Services 和队列服务，但具体到某一个环境时，绑定的资源仍然是固定的。

静态资源绑定指的是，无论是由自动化工具还是由 DevOps 工程师来分配，服务与资源之间的绑定过程发生在应用启动期间，而且一经绑定，即不再变化。

这固然满足云原生应用对配置外置的要求，却不够灵活。很多时候，我们需要更强大的动态绑定能力。

2. 动态资源绑定

动态资源绑定指资源的绑定过程发生在运行期间。具体地说，绑定关系并不固定，并能在应用收到的多个请求期间发生变化。

另外，为避免给应用开发人员增加额外的复杂性，它也要支持松耦合。应用与绑定资源之间这种动态的、松运行时耦合能提供更多高级功能，如故障转移、负载均衡和容错——实现所有这些功能都不需要改动应用代码。

接下来将主要讨论动态资源绑定。

> **动态资源绑定可能依赖静态绑定**
>
> 动态资源绑定通常由一个中间程序或者某种保存服务目录的集中式管理工具来调配。基于这种工作机制，应用需要知道中间程序或管理工具的位置。而这通常通过静态绑定来实现——虽然还是不够优雅。由于这样的原因，以及动态绑定本身带来的额外复杂性，在使用服务发现之前，建议还是要基于服务的数量、动态绑定能带来的好处等因素开展必要的评估。

8.2　Netflix Eureka简介

要实现运行时的服务发现，需要用到"服务注册表"设施——一种集中式的服务目录。不同的产品提供的注册表功能及各项特性可能有所差异，但大多数注册表服务都提供了一组同样的基础功能：服务列表、服务元数据及其端点。服务注册产品有时还提供服务的健康状态信息以供确认一个本应在线的服务是否确实在线。

Netflix 基础设施主要运行在 Amazon 云服务上。可以简单想象一下 Netflix 产品的体量、复杂度和并发规模，Netflix 的微服务系统堪称庞大。

AWS(Amazon 云服务)提供了丰富的负载均衡能力，它的名称解析服务(Route 53)具有完整的 DNS 功能，但这些服务都不能很好地用于中间层名称解析、注册和负载均衡。

Netflix 自行开发了用于管理服务注册的产品 Eureka，它提供故障转移和负载均衡能力。虽然 Netflix 内部用的版本要先进得多，不过要解决我们的问题，用开源的版本就够了。Netflix 开源了 Eureka 的核心功能，项目的源代码在 GitHub 上。

从一名开发人员的角度看,微服务与 Eureka 服务器的交互方式就是在启动时注册。如果需要发现并消费其他后端服务,可从 Eureka 服务器查找服务目录。微服务还会向 Eureka 服务以一定的时间间隔发送心跳(通常是30秒)。如果服务在一段时间里没有发送心跳,就会从服务注册表中移除。

如果微服务还有其他实例在运行,服务的消费方从 Eureka 查找服务时,就只会找到那些真正还在运行的实例,而由于没有心跳而被移除的实例则被过滤掉。

图 8-1 来自 GitHub 上的 Eureka 概述文档,它展示了 Netflix 的 Eureka 部署方案,从中可以了解到典型组织中部署 Eureka 的方法。

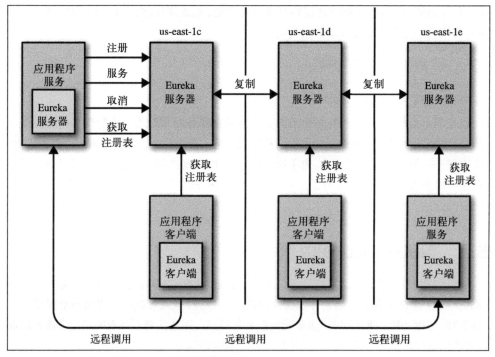

图 8-1　基于 AWS 的 Eureka 典型部署方案

Eureka 是一个强大工具,拥有丰富功能,这里难以详尽地展开讨论。如果读者的项目或组织需要这些功能,可自行参阅文档以了解更多高级功能。

在服务注册和发现领域,Eureka 也不是唯一选择。从纯粹的服务注册工具到具有完整注册、发现和容错功能的产品,有很多其他公司和产品可供选用。

下面仅列举几种主流产品。

etcd

etcd 是一个底层的分布式键值存储,提供 HTTP 访问。因此,你实际上还需要配合一些其他工具才能把它用作服务发现和注册机制。我们常看到有人把 etcd 与 registrator、confd 等搭配使用后,才能与 Consul 和 Eureka 等产品相提并论。

Consul

Consul 是一个功能完备的服务发现工具,也提供用于支持配置功能的键值存储。它使用自研协议来管理集群。

Marathon

Marathon 是 Mesos 和 DC/OS 上一个相当成熟的容器编排系统。正因为成熟,它除了服务发现,还具有其他大量功能。服务发现更像是采用 Marathon 作为容器编排层时带来的额外馈赠。

ZooKeeper

ZooKeeper源自 Hadoop 项目,是这一体系中最悠久的产品。它成熟稳定,但不少人认为 ZooKeeper 略显陈旧,因而选用其他产品。

如果想体验 Eureka(并在本章后续的代码中加以运用),但不想从源代码编译,也不想把它完整地安装到服务器上,你可以直接使用 docker hub 镜像来运行它,命令行如下所示:

```
$ docker run -p 8080:8080 -d --name eureka \
    -d netflixoss/eureka:1.3.1
```

这样就可以在 Docker 虚拟机里运行一个默认的、非生产用途的服务,并将容器内的 8080 端口映射到本地机器。这意味着,如果 8080 端口可用,把一个应用静态地绑定到 Eureka 服务后,就应该使用http://localhost:8080/eureka访问它。

8.3 发现和广播ASP.NET Core服务

前面讨论了一些概念性话题,以及服务发现的需求背后现实世界的场景,现在分析一些与 Eureka 服务交互的示例代码。

在下面的虚构示例中,将开发一套用于支持电子商务的服务。最终的服务将公开一个产品目录。这个目录提供标准的 API 端点,用于访问产品列表和详细信息。此外,有一个库存服务,负责提供物理库存的实时状态。当需要展示产品详细信息时,产品服务将需要调用库存服务获取数据,用于组装最终的完整数据。

为了简化描述，我们的示例只包含两个服务。在真实的大规模应用中，往往既需要支持移动客户端，又需要支持内部用户，还要与多种第三方提供商通信，并协调多种数据流，可能有数十个或数百个服务之间相互通信。从本章前面展示的 Netflix 状况可以看出，如果要支持多个区域之间以及单个区域之内的高可用、故障转移和负载均衡，则需要安装多组 Eureka 才能满足需求。

8.3.1　服务注册

我们示例项目的第一部分是库存服务，它需要在运行期间动态地被其他服务发现，以提供实时的库存状态。

如果有兴趣，也可以自己编写代码直接与 Eureka API 交互，它只是一系列 RESTful 风格的 API。不过，在动手之前先考察一番了解是不是已经有人活跃地维护着能够解决相关问题的工具是个好习惯，这样能节省一些重复造轮子的精力。

这里，Steeltoe项目就维护了许多 Netflix OSS 客户端类库，其中包括 Eureka 客户端。不过，尽管本章的示例会依赖 Steeltoe 的服务发现客户端类库，我仍强烈建议你在读到此处时，能尝试查找其他类库。如果能找到一款更符合需求的产品，那么一定要选择它。在本书写作时，Steeltoe 基本上是市面上唯一的 .NET Core 服务发现客户端。

可使用 .NET Core 配置系统向 Steeltoe 类库提供一些配置信息。最关键是要声明应用的名称(在服务注册表中，需要用它标识应用)以及指向 Eureka 的 URL，如下所示：

```
{
    "spring": {
        "application": {
            "name": "inventory"
        }
    },
    "eureka": {
        "client": {
            "serviceUrl": "http://localhost:8080/eureka/",
            "shouldRegisterWithEureka": true,
            "shouldFetchRegistry": false,
            "validate_certificates": false
        },
        "instance": {
            "port": 5000
        }
    }
}
```

配置里的另一个关键部分是shouldRegisterWithEureka的值。如果希望我们的服务能被发现，这里就需要设置为true。后一项设置shouldFetchRegistry 意为我们是否需要发现其他服务。

也就是说，这里需要指定我们是在消费服务注册表的信息，还是为它生成信息——亦或兼而有之。我们的库存服务需要由其他服务发现，而不需要发现其他服务；因此它不需要获取注册表，但需要注册自身。

我们用惯常的方式装配好配置，确保加载了保存着服务发现客户端配置信息的*appsettings.json*文件：

```
var builder = new ConfigurationBuilder()
                .SetBasePath(env.ContentRootPath)
                .AddJsonFile("appsettings.json", optional: false,
                reloadOnChange: true) .AddEnvironmentVariables();

    Configuration = builder.Build();
```

接着，在Startup类的ConfigureService方法里，我们调用 Steeltoe 的 AddDiscoveryClient 扩展方法：

```
services.AddDiscoveryClient(Configuration);
```

最后，只需要在 Configure 方法中添加对 UseDiscoveryClient 方法的调用：

```
app.UseDiscoveryClient();
```

就是这样！由于库存服务不需要消费其他任何服务，基本上这已经完成了。当然，我们还需要控制器和 API，并返回一些示例数据，不过本书其他篇章已经包含了大量的相关讲解，这里不再赘述。如果需要查看其余部分的代码，可从本书GitHub 库的 ecommerce-inventory 分支获取。

创建好下一个服务后，我们还会继续讨论这个服务。

8.3.2 发现并消费服务

有了一个可供发现的服务之后，我们把注意力转到要开发的下一个服务上：目录服务。这个服务提供产品的目录，并通过查询库存服务来补充产品的详细信息。

这一服务与我们开发过的其他服务之间最重要的区别是，它会在运行期间动态地发现库存服务。

用与配置库存服务时几乎一样的方式配置客户端：

```
"spring": {
    "application": {
        "name": "catalog"
    }
```

```
    },
    "eureka": {
        "client": {
            "serviceUrl": "http://localhost:8080/eureka/",
            "shouldRegisterWithEureka": false,
            "shouldFetchRegistry": true,
            "validate_certificates": false
        }
    }
}
```

区别在于目录服务不需要注册(因为它不需要被其他服务发现),只有获取注册表才能发现库存服务。

你在本章投入的耐心很快将迎来成果。请看HttpInventoryClient 类的代码,它负责消费库存服务:

```
using StatlerWaldorfCorp.EcommerceCatalog.Models;
using Steeltoe.Discovery.Client;
using System.Threading.Tasks;
using System.Net.Http;
using Newtonsoft.Json;

namespace StatlerWaldorfCorp.EcommerceCatalog.InventoryClient
{
    public class HttpInventoryClient : IInventoryClient
    {
        private DiscoveryHttpClientHandler handler;
        private const string INVENTORYSERVICE_URL_BASE =
            "http://inventory/api/skustatus/";

        public HttpInventoryClient(IDiscoveryClient client)
        {
            this.handler = new DiscoveryHttpClientHandler(client);
        }

        private HttpClient CreateHttpClient()
        {
            return new HttpClient(this.handler, false);
        }

        public async Task<StockStatus> GetStockStatusAsync(int sku) {
            StockStatus stockStatus = null;

            using (HttpClient client = this.CreateHttpClient())
            {
                var result =
                    await client.GetStringAsync(
                        INVENTORYSERVICE_URL_BASE + sku.ToString());
                stockStatus =
                    JsonConvert.DeserializeObject<StockStatus>(
                        result);
            }
```

```
                    return stockStatus;
            }
        }
    }
```

.NET Core 的 HttpClient 类的构造函数有一个重载，允许传入一个自定义的 HttpHandler 实例。由 Steeltoe 提供的 DiscoveryHttpClientHandler 负责把 URL 中的服务名称替换成在运行期间发现的 URL。有了它的支持，我们才能使用形如 http:// inventory/api/skustatus 的 URL，它们稍后会被 Steeltoe 和 Eureka 转换为如下的值：http://inventory.myapps. mydomain.com/api/skustatus。

请查看目录服务和库存服务的完整代码。

执行如下步骤，可在电脑上同时运行库存服务、目录服务和 Eureka：

首先，启动 Eureka 服务：

```
$ docker run -p 8080:8080 -d --name eureka \
    -d netflixoss/eureka:1.3.1
```

然后在 5001 端口运行库存服务：

```
$ cd <inventory service>
$ dotnet run --server.urls=http://0.0.0.0:5001
```

根据电脑和安装情况的不同，有可能收到如下的错误：

```
Steeltoe.Discovery.Eureka.DiscoveryClient[0]
    Register failed, Exception:
System.PlatformNotSupportedException: The libcurl library in use
(7.51.0)
and its SSL backend ("SecureTransport")
do not support custom handling of certificates.
A libcurl built with OpenSSL is required.
```

如果在 Mac 上持续出现这一问题，且无法升级 curl 和 openssl 的版本，请直接从本书发布的 docker hub 镜像运行库存服务的 Linux 版本。

这个特定问题也增加了我对耦合使用特定服务发现类库的担忧；下一节会深入讨论这一话题。

要在 Docker 中运行服务，请使用下面的 docker run 命令：

```
$ docker run -p 5001:5001 -e PORT=5001 \
    -e EUREKA__CLIENT__SERVICEURL=http://192.168.0.33:8080/eureka/ \
    dotnetcoreservices/ecommerce-inventory
```

如果要在这里覆盖配置的值，请确保使用本机的地址。在 Docker 镜像中运行时，指向 localhost 就会出问题。

最后，在 5002 端口启动目录服务：

```
$ cd <目录服务>
$ dotnet run --server.urls=http://0.0.0.0:5002
```

现在，可以向产品目录服务 API 发送一些请求，获取产品的列表和详情：

```
GET http://localhost:5002/api/products

GET http://localhost:5002/api/products/{id}
```

获取产品详情信息，其间将调用库存服务，它的 URL 是通过 Eureka 动态发现的。

8.4　DNS 以及由平台支持的服务发现

本章通过对开源服务端产品和一些客户端类库的运用，简要展示了在编写代码时，可以用 http://service/api 这种形式消费其他服务，我们假定这些类库的代码能够把 service 转换为完整域名或者 IP 地址。

这个模式最大的问题在于其副作用，它让应用的代码与特定的服务发现服务器和客户端实现耦合起来。例如，使用 Eureka 时（包括来自 Steeltoe 的辅助方法），还是需要用一些代码手动把服务的逻辑描述符（如 inventory）替换为 IP 地址，或 inventory.mycluster.mycorp.com 这样的完整域名。

在我看来，服务发现、注册，以及失败检测都应该是非功能需求。也就是说，应用代码的任何部分都不应该紧耦合特定服务发现的实现。

显然，还是要优先考虑现实状况，务实地做出决策，而且最终决定还要由你自己来做。不过，也有一些方法在实现服务发现时不会产生因深度使用 Netflix 开源软件和 Eureka 而带来的包袱。

Kubernetes 之类的平台有一些插件，例如 SkyDNS 可以借助一个本地网络 DNS 表，自动同步已部署、运行中的服务的信息。这意味着，不需要任何客户端和者服务依赖，就可以用 http://inventory 格式的 URL 消费服务，且客户端的代码能够自动解析到正确的 IP 地址上。

在评估服务发现方案时，应该要求不要在应用代码中引入紧耦合和强依赖。

8.5　本章小结

如今，基本上不会有人开发孤立运行的微服务。找一种可靠方式使服务感知其依赖的所有服务的 URL 和状态并不简单。如果需要动态运行时服务发现，并需要使用这一技术支持故障转移和容错，你就需要一个类似于 Eureka 的服务注册表。

记住，目前用于开发服务生态系统的工具库数量庞大，Eureka 这样的动态服务注册表只是众多工具之一。希望你通过本章了解到现有选项，并决定是否要在项目上使用服务发现功能。

第9章

微服务系统的配置

配置是产品团队经常忽略的架构和实现领域之一。很多团队指望传统的应用配置方式在云环境中同样有效。此外,也有人容易认为所有配置只要从环境变量注入即可。

微服务系统中的配置需要关注更多其他方面的因素,包括:

- 配置值的安全读写。

- 值变更的审计能力。

- 配置信息源本身的韧性和可靠性。

- 少量的环境变量难以承载大型、复杂的配置信息。

- 应用要决定是否支持配置值的在线更新(即通过Web应用本身更新配置值)和实时变更(即在配置值发生变化时,立即将其更新到Web应用中),还要决定如何实现。

- 对功能开关和层级化设置的支持。

- 对敏感(加密的)信息以及加密密钥本身进行存储和读取支持。

固然并非每个团队都需要面对上述所有问题,但它们体现出配置管理的复杂度。

本章首先讨论在应用中使用环境变量的机制,并演示 Docker 的支持情况。接着探索一个来自Netflix OSS 技术栈的配置服务器产品。最后将运用etcd,它是一个常用于配置管理的开源分布式键值数据库。

9.1　在 Docker中使用环境变量

在 Docker 中使用环境变量实际上相当简单。本书已经多次涉及这一话题。云原生应用需要提供从环境变量接收配置的能力。环境变量是应用部署所在平台的内置功能,即便最终可能引入更健壮的配置机制(稍后会讨论),应用仍应该把环境变量作为最基本的配置方式予以支持。

为配置提供默认值时,还应该考虑哪些设置在应用启动期间需要通过环境变量进行覆盖。

为配置设置值时,可使用键值对显式指定,如下所示:

```
$ sudo docker run -e SOME_VAR='foo' \ -e PASSWORD='foo' \
    -e USER='bar' \
    -e DB_NAME='mydb' \
    -p 3000:3000 \
    --name container_name microservices-aspnetcore/image:tag
```

或者,如果不希望在命令行中显式传入值,也可以把来自启动环境的环境变量转发到容器内部,只要不传入包含值的等式即可,例如:

```
$ docker run -e PORT -e CLIENTSECRET -e CLIENTKEY [...]
```

这一命令将把命令行所在终端中的PORT、CLIENTSECRET 和 CLIENTKEY 环境变量的值传入 Docker 容器中,在这个过程中它们的值不会在命令行文本中公开,以防范潜在的安全漏洞和敏感信息泄露。

如果需要向容器传入大量的环境变量,可以向docker命令指定一个包含键值对列表的文件:

```
$ docker run --env-file ./myenv.file [...]
```

如果使用上层容器编排工具,例如Kubernetes,就可以使用更优雅的方法管理环境变量并注入容器。在Kubernetes中,可以借助名为 ConfigMap 的设施把外部配置值提供给容器,而不必编写复杂的启动命令行,也不必管理繁杂的初始化脚本。

本书并不详细探讨容器编排系统,但这再次强化了一个观点,即无论最终的目标部署平台如何,它们都应该支持以某种形式注入环境变量,因而我们的应用必须知道如何接收这些值。

通过对环境变量注入的支持,并将 Docker 作为不可变发布物的部署单元,就能很好地适应大量运行环境,而不至于过度耦合特定平台。

9.2　使用 Spring Cloud 配置服务器

围绕服务的配置管理的最大难题之一,并非如何将值注入到环境变量,而在于这些值本身的日常维护。

当配置的原始源处的值发生变更时,我们如何得到通知?如何得知变更的发起人是谁,以及如何实现安全管控,以避免值被未授权的人改变,同时向没有访问权的人隐藏值?

更进一步,当值发生变更时,我们如何回溯并查看之前的值?你可能发现,似乎可以使用类似于 Git 仓库的方法来管理配置值。你不是第一个有这种想法的人。

Spring Cloud 配置服务器(SCCS)的开发人员也持同样看法。当 Git 已经可以解决问题时,为什么要再造轮子呢(安全性、版本管理和审计等)?因而,他们开发了一个服务,用 RESTful API 把 Git 仓库中的值公开。

其 API 的 URL 格式如下:

```
/{application}/{profile}[/{label}]
/{application}-{profile}.yml
/{label}/{application}-{profile}.yml
/{application}-{profile}.properties
/{label}/{application}-{profile}.properties
```

如果应用的名字为 foo,那么上面模板中所有的{application}字样都用 foo 替换。如果要查看"开发"方案(即环境)中的配置值,就向 /foo/development 发送一个 GET 请求(开发即 development。URL 模板中的 {profile} 代表不同的方案名称)。

如果想了解与 Spring Cloud 配置服务器相关的更多信息,可从它的"文档"开始。

尽管 SCCS 的文档和代码面向 Java 开发人员所编写,但可与 SCCS 交互的其他客户端也很丰富,其中就包含来自 Steeltoe 项目的 .NET Core 客户端。

要在 .NET Core 应用中添加 SCCS 客户端的支持,只需要在项目中添加对 Steeltoe. Extensions.Configuration.ConfigServer NuGet 包的引用。

接着,我们需要配置应用,让它从正确的位置获取设置信息。也就是说,我们需要定义一个 Spring 应用名称,并在 appsettings.json 文件中添加配置服务器的 URL(请记住,这个文件里的所有配置都可能由环境变量覆盖)。

```
{
    "spring": {
        "application": {
            "name": "foo"
        },
```

```
        "cloud": {
            "config": {
                "uri": "http://localhost:8888"
            }
        }
    },
    "Logging": {
        "IncludeScopes": false,
        "LogLevel": {
            "Default": "Debug",
            "System": "Information",
            "Microsoft": "Information"
        }
    }
}
```

配置完成后，Startup构造方法仍与其他应用几乎一致：

```
public Startup(IHostingEnvironment env) {
    var builder = new ConfigurationBuilder()
        .SetBasePath(env.ContentRootPath)
        .AddJsonFile("appsettings.json", optional: false,
            reloadOnChange: false)
        .AddEnvironmentVariables()
        .AddConfigServer(env);

    Configuration = builder.Build();
}
```

要添加对配置服务器的支持，接下来需要修改ConfigureServices方法。首先调
用 AddConfigServer 向依赖注入子系统加入配置客户端。接着指定泛型参数并
调用 Configure 方法。这一操作能把从配置服务器获取的配置信息包装为一个
IOptionsSnapshot 对象，然后可由控制器和其他代码使用：

```
public void ConfigureServices(IServiceCollection services)
{
    services.AddConfigServer(Configuration);
    services.AddMvc();

    services.Configure<ConfigServerData>(Configuration);
}
```

此处，用于表示从配置服务器获取的数据的数据模型，是基于Spring Cloud服务器示例仓
库中的示例配置进行建模的。

```
public class ConfigServerData
{
    public string Bar { get; set; }
    public string Foo { get; set; }
    public Info Info { get; set; }
```

```
    }

    public class Info
    {
        public string Description { get; set; }
        public string Url { get; set; }
    }
```

然后，在需要时，就可注入这个类的实例，以及配置服务器的客户端参数：

```
    public class MyController : Controller
    {
        private IOptionsSnapshot<ConfigServerData>
            MyConfiguration { get; set; }

        private ConfigServerClientSettingsOptions
            ConfigServerClientSettingsOptions { get; set; }

        public MyController(IOptionsSnapShot<ConfigServerData> opts,
                            IOptions<ConfigServerClientSettingsOptions>
                                clientOpts)
        {
            ...
        }

        ....
    }
```

上述配备完成后，如果配置服务器已处于运行状态，构造器中的opts变量将包含应用的所有相应配置。

为运行配置服务器，如有必要，也可从 GitHub 下载代码，构建后启动。不过并不是每个人都运行有功能完备的 Java/Maven 开发环境（而且，有些人根本不希望配置 Java 环境）。启动配置服务器最简单的方法就是直接通过 Docker 镜像运行以下代码：

```
$ docker run -p 8888:8888 \
    -e SPRING_CLOUD_CONFIG_SERVER_GIT_URI=https://github.com/spring-cloud-
samples/ \config-repohyness/spring-cloud-config-server
```

这一命令将启动服务器，并指向前面提到的 GitHub 示例仓库，以获取foo应用的配置信息。如果服务器运行正确，应该能通过以下命令获取配置信息：

```
curl http://localhost:8888/foo/development
```

在本地用 Docker 镜像启动配置服务器后，使用上面展示的 C# 代码，就能体验将外部配置数据提供给 .NET Core 微服务的过程。

在进入下一章之前，建议读者自行尝试Steeltoe 配置服务器客户端示例，并了解外置配置过程中可用的选项。

9.3 使用 etcd 配置微服务

并非所有人都愿意使用 Netflix OSS 技术栈,原因有很多。其中之一就是,它表现出明显的 Java 倾向性——这一技术栈中所有高级特性都表现为 Java 优先,而其他客户端(包括 C# 客户端)则从原版延迟移植而来。一些开发人员对此能够接受,而另外一些则无法接受。

还有一些人对 Spring Cloud 配置服务器的资源占用感到不满。它虽然是一个 Spring Boot 应用,却需要消耗大量内存。如果由于要提供弹性、避免应用获取配置时的任何失败而运行多个实例,将最终导致仅为了支持配置就消耗大量的基础虚拟资源。

Spring Cloud 配置服务器的替代品不计其数,etcd 是其中很流行的一个。上一章简单提到过,etcd 是一个轻量级的分布式键值数据库。

它就是为你存储分布式系统所需的最关键信息的位置。etcd 是一个集群产品,其节点之间的通信是基于 Raft 共识算法实现的。GitHub 上有超过 500 个项目依赖 etcd。etcd 的一个最常见运用场景就是存储和检索配置信息以及功能标志。

要了解 etcd,请查看其文档。使用时,既可以安装一个本地版本(其服务器非常小巧),也可以从 Docker 镜像运行。

还有一个方法,就是使用托管在云上的版本。在本章的例子里,我访问 compose.io 并注册了一个免费试用的托管 etcd(需要提供信用卡信息,但在试用期结束之前取消订阅就不会收费)。

在 etcd 中,如果要操作类似于简单文件夹结构的层级化键值,则需要用到 etcdctl 命令行工具。它随 etcd 一同安装。在 Mac 上,执行 brew install etcd 即可安装并使用这一工具。关于 Windows 和 Linux 上的安装方法,请参考相关文档。

每次运行 etcdctl 命令时,不光要传入集群中各节点的地址,还要传入用户名和密码,以及其他选项。为避免这一繁杂的过程,可使用如下方式为命令行创建别名:

```
$ alias e='etcdctl --no-sync \
    --peers https://portal1934-21.euphoric-etcd-31.host.host.composedb.
com:17174,\
    https://portal2016-22.euphoric-etcd-31.host.host.composedb.
com:17174 \
    -u root:password'
```

你将需要根据自己的安装情况修改 root:password 的值,不管在本地运行,还是托管在云上。

配置了别名,又有运行中的 etcd 实例可供访问,现在可以执行几个基本的 etcd 命令。

mk

创建一个键，如果键包含深层次的路径，可以选择创建目录。

set

设置键对应的值。

rm

移除一个键。

ls

查询父级键的下级子键的列表。这类似于在文件系统中列出目录中的文件。

update

更新键对应的值。

watch

监听键对应的值的变化。

使用命令行工具，我们来执行几个命令：

```
$ e ls /
$ e set myapp/hello world
world
$ e set myapp/rate 12.5
$ e ls
/myapp
$ e ls /myapp
/myapp/hello
/myapp/rate
$ e get /myapp/rate
12.5
```

在这一会话中，etcd 首先检查根节点，但没有找到任何键。接着，名为 myapp/hello 的键被创建，值被指定为 world；然后 myapp/rate 键也被创建，值为 12.5。这一过程会隐含地创建名为/myapp 的父级键/目录。由于它是一个父级键，所以没有值。

命令运行完成后，刷新 compose.io 网站上美观的面板，便能看到新创建的键和对应的值，如图9-1所示。

图 9-1　compose.io 的 etcd 面板

非常好——现在，我们有了一个配置服务器，它存储着可供消费的数据——但我们应该怎么消费？为消费这些数据，我们将创建一个通用的 *ASP.NET* 配置提供程序。

创建 etcd 配置提供程序

遍布本书，我们已经尝试过大量不同的 ASP.NET 配置系统的用法。我们学习过如何通过调用 AddJsonFile 和 AddEnvironmentVariables 方法添加不同的配置源。

接下来添加一个 AddEtcdConfiguration 方法把运行中的 etcd 服务器接入应用中，并以一种类似于 ASP.NET 原生配置系统的方式获取配置值。

1. 创建配置源

首先要做的是添加配置源。配置源的职责是创建配置构建器的实例。庆幸的是，它们都是相当简单的接口，而且已经存在于基础的 ConfigurationBuilder 类，我们可以基于它来扩展。

下面是新配置源的实现：

```
using System;
using Microsoft.Extensions.Configuration;
namespace ConfigClient
{
    public class EtcdConfigurationSource : IConfigurationSource
    {
        public EtcdConnectionOptions Options { get; set; }

        public EtcdConfigurationSource(
            EtcdConnectionOptions options)
        {
            this.Options = options;
        }

        public IConfigurationProvider Build(
            IConfigurationBuilder builder)
```

```
        {
            return new EtcdConfigurationProvider(this);
        }
    }
}
```

在与etcd通信时,我们需要用到一些基本信息。你会发现,这些信息大部分与前面向命令行输入的内容一致:

```
public class EtcdConnectionOptions
{
    public string[] Urls { get; set; }
    public string Username { get; set; }
    public string Password { get; set; }
    public string RootKey { get; set; }

}
```

2. 创建配置构建器

接下来创建配置构建器。我们要继承的基类维护了一个受保护的(protected)字典 Data,它负责存储简单的键值对。这为我们的实现提供了便利。一些更高级的 etcd 提供程序实现可能更灵活,它们能根据用/字符分隔的结果生成层级化配置节,于是/myapp/rate将变成myapp:rate(嵌套的配置节),而非名为 /myapp/rate 的单节。

```
using System;
using System.Collections.Generic;
using EtcdNet;
using Microsoft.Extensions.Configuration;
using Microsoft.Extensions.Primitives;

namespace ConfigClient
{
    public class EtcdConfigurationProvider : ConfigurationProvider
    {
        private EtcdConfigurationSource source;

        public EtcdConfigurationProvider(
            EtcdConfigurationSource source)
        {
            this.source = source;
        }

        public override void Load()
        {
            EtcdClientOpitions options = new EtcdClientOpitions()
            {
                Urls = source.Options.Urls,
                Username = source.Options.Username,
                Password = source.Options.Password,
                UseProxy = false,
```

```
                    IgnoreCertificateError = true
                };
                EtcdClient etcdClient = new EtcdClient(options);
                try
                {
                    EtcdResponse resp =
                        etcdClient.GetNodeAsync(source.Options.RootKey,
                            recursive: true, sorted: true).Result;

                    if (resp.Node.Nodes != null)
                    {
                        foreach (var node in resp.Node.Nodes)
                        {
                            // 子节点
                            Data[node.Key] = node.Value;
                        }
                    }
                }
                catch (EtcdCommonException.KeyNotFound) {
                    // 键未找到
                    Console.WriteLine("key not found exception");
                }
            }
        }
    }
```

上述代码中重要的部分已加粗以示强调。它先调用 GetNodeAsync，接着迭代读取一层子节点。一个生产级类库可能递归地遍历整个层级树，直到获取所有值。从 etcd 获取的所有键值对都直接被添加到受保护的 Data 成员中。

上述代码运用了来自 NuGet 的开源模块 EtcdNet。在写作本书时，它是能与 .NET Core 稳定兼容的少数选项之一。

借助如下的扩展方法：

```
public static class EtcdStaticExtensions
{
    public static IConfigurationBuilder AddEtcdConfiguration(
        this IConfigurationBuilder builder,
        EtcdConnectionOptions connectionOptions)
    {
        return builder.Add(
            new EtcdConfigurationSource(connectionOptions));
    }
}
```

便能在Startup类中把etcd添加为配置源：

```
public Startup(IHostingEnvironment env)
{
    var builder = new ConfigurationBuilder()
```

```
            .SetBasePath(env.ContentRootPath)
            .AddJsonFile("appsettings.json", optional: false,
reloadOnChange: true)
            .AddEtcdConfiguration(new EtcdConnectionOptions
            {
                Urls = new string[] {
                    "https://(host1):17174",
                    "https://(host2):17174"
                },
                Username = "root",
                Password = "(hidden)",
                RootKey = "/myapp"
            })
            .AddEnvironmentVariables();

        Configuration = builder.Build();
    }
```

遵循广泛采用的实践，我隐去了etcd实例根用户的密码。实际密码可能根据 etcd 的安装方式和托管位置发生变化。如果确实如此，你可能需要把配置服务器的连接信息中的URL、用户名和密码以环境变量的方式在"启动"期间注入。

3.使用来自 etcd 的配置值

最后还有一件工作要完成，即确保应用能够发现从配置源获取的值。要体现这一能力，可使用 webapi 项目模板创建项目，并向其values控制器添加几行简单的临时代码：

```
using System;
using System.Collections.Generic;
using System.Linq;
using System.Threading.Tasks;
using Microsoft.AspNetCore.Mvc;
using EtcdNet;
using Microsoft.Extensions.Logging;
using Microsoft.Extensions.Configuration;

namespace ConfigClient.Controllers
{
    [Route("api/[controller]")]
    public class ValuesController : Controller
    {
        private ILogger logger;
        public ValuesController(ILogger<ValuesController> logger)
        {
            this.logger = logger;
        }

        // 获取api/values
        [HttpGet]
        public IEnumerable<string> Get()
        {
            List<string> values = new List<string>();
```

```
        values.Add(
            Startup.Configuration.GetSection("/myapp/hello").Value);
        values.Add(
            Startup.Configuration.GetSection("/myapp/rate").Value);

        return values;
    }

    // ... 略 ...
    }
}
```

为了简化代码清单,这里省略了 values 控制器其余的代码结构。在项目的 csproj 文件中引用 EtcdNet 后,可通过运行 dotnet restore 和 dotnet run 启动应用。

现在访问 http://localhost:3000/api/values 端点,将返回这些值:

```
["world", "12.5"]
```

这些正是本节前面向 etcd 服务器添加的值。只使用了少数几行代码,我们便创建了一个由远程配置服务器支持的、稳定而符合标准的 ASP.NET 配置源!

9.4 本章小结

解决微服务配置问题的方法有成千上万种,本章只展示了其中几个小例子。你尽可以按照喜好进行选择,仔细考察在应用投入生产之后,需要如何维护配置。例如,是否需要审计控制、安全性、变更历史以及其他类似于 Git 的功能?

特定平台可能提供内置方式来注入和管理配置。不过,本章传达的最重要理念就是我们开发的每一个应用和服务都必须能够通过环境变量接受来自外部的配置,对于少量的环境变量不能解决的复杂情形,需要由进程之外的某种配置管理系统来支持。

第10章

应用和微服务安全

开发人员对安全关切的看法各不相同,有人诚心欢迎,也有人极力排斥。在某些组织中,安全只是应用开发完成之后的一张检查清单,而在另一些组织中,则被当作包袱,要么敷衍了事,要么有意忽略。

云应用意味着应用运行所在的基础设施无法掌控,因此安全不能再等到事后再考虑,也不能只是检查清单上毫无意义的复选框。对于直接面向用户的应用和服务来说,必须把安全作为头等公民对待,投入足够的开发成本。

由于安全与云原生应用密切相关,本章将讨论安全话题,并用示例演示几种保障 ASP.NET Core Web 应用和微服务安全的方法。

10.1 云环境中的安全

为大规模运行在云环境中的应用提供安全保障,并不像应用部署在本地数据中心时那么直观。当应用部署在本地数据中心时,我们拥有对操作系统和安装环境的完整控制能力。

本节将讨论使用开发人员过去的经验,或者使用从遗留系统获得的经验来保障系统在云环境下的安全运行时,会遇到的一些主要问题。其中一些可能比较明显(例如,缺乏 Windows 身份验证支持),但也有一些相对隐蔽。

10.1.1 内网应用

内网应用随处可见,而且它们通常与面向最终用户的应用一样复杂(甚至更为复杂)。企业一直在开发这种支持性的(或用于特定业务场景的)应用,但当我们需要基于运行在可缩放的云基础设施之的 PaaS 开发此类应用时,很多旧的模式和实践将很快失效。

一个最明显的问题就是无法支持 Windows 身份验证。长期以来，ASP.NET 开发人员一直沉浸在借助内置的 Windows 凭据来保障 Web 应用安全的便利中。在这类应用中，浏览器会直接以当前系统登录的用户信息响应身份询问，而服务器也知道如何处理这种信息，因而用户的登录过程是隐含的。这对于开发企业内部基于活动目录(Active Directory)提供安全保障的应用来说，是极为高效和便利的。

这一过程的工作原理是客户端浏览器与服务端的应用都处于同一个域或工作组中，或者虽在多个域中，但这些域已经连通。服务端和客户端的 Windows，以及中间件中的 Kerberos 无缝衔接，共同完成凭据的交换过程。

不管是公有云平台还是私有部署的 PaaS 平台，这些平台与传统的基于物理机或虚拟机的 Windows 部署方案的运作模式大不相同。

在这些平台上，支撑应用的操作系统应被视为临时存续的。它可能被定期地或者随机地回收。不应该假定它具有加入域的能力；实际上加入域很可能并不现实。在很多情况下，用于支持云应用的操作系统被设定为频繁地销毁。有些企业的安全策略要求所有虚拟机在滚动更新期间需要销毁并重新构建，从而缩小持续攻击的可能范围。

在为本书编写的代码里，我们一直坚持只使用 .NET Core 的跨平台部分，不依赖任何只供 Windows 应用使用的机制。这让我们不得不放弃集成 Windows 身份验证，因此需要为云服务寻找一种替代方案。

10.1.2　Cookie 和 Forms 身份验证

与传统的 ASP.NET Web 应用打过交道的开发人员应该熟悉 Forms 身份验证。在这种身份验证中，应用向用户展示一个自定义界面(一个表单)，供用户填写凭据。接着凭据直接传给应用，应用完成验证。用户成功登录后，将收到一个 Cookie，Cookie 标记了用户在一段时间内处于登录状态。

当应用运行于 PaaS 环境中时，Cookie 身份验证(译者注：这里指上一段描述的 Forms 身份验证)仍然适用。不过它也会给应用增加额外负担。

首先，Forms 身份验证要求应用对凭据进行维护并验证。也就是说，应用需要处理好这些保密信息的安全保障、加密和存储。本章将看到，一些方法让我们可将身份的维护和验证交给第三方完成，从而令应用完全专注于核心业务。

10.1.3　云环境中的应用内加密

我们通常单独考虑每个应用的加密问题。某些服务需要用到加密机制，但有些却不需要。

在传统的 ASP.NET 应用开发中,常见的加密使用场景是创建安全的身份验证 Cookie 和会话 Cookie。

在这种加密机制中,Cookie 加密时会用到机器密钥。然后当 Cookie 由浏览器发回 Web 应用时,再使用同样的机器密钥对其进行解密。

"机器密钥"这一短语足以令云原生应用的开发人员忘而却步。在云环境中,我们无法依赖特定的机器或者存储在这些机器中的特定文件。应用可能随时在任何容器中启动,而容器又可能托管在任意位置和任意数量的虚拟机上。我们无法指望单一的加密密钥会被分发到运行应用的所有机器上。

在本章接下来的讨论中,我们将看到,加密还用在其他很多领域。例如,令牌的签名通常是加密的,在验证令牌时需要使用非对称密钥。

如果无法依赖持久化文件系统,又不可能在每次启动应用时将密钥置于内存中,这些密钥将如何存储?

答案是,将加密密钥的存储和维护视为后端服务。也就是说,与状态维持机制、文件系统、数据库和其他微服务一样,这个服务位于应用之外。

10.1.4　Bearer令牌

如果一个应用不是负责对用户进行身份验证和授权的中央机构,那么在实现它时就应该支持接受由其他服务提供的身份证明和授权证明。有多种不同的标准分别为接受身份证明的过程定义了各自的方式,本章的示例将讲解其中的 OAuth 和 OpenID Connect(通常简称为 OIDC)。

如果要以 HTTP 友好、可移植的方式传输身份证明,最常见的方法就是Bearer令牌。应用从 Authorization 请求头接收 Bearer 令牌。下例展示一个包含 Bearer 令牌的 HTTP 跟踪会话:

```
POST /api/service HTTP/1.1
Host: world-domination.io
Authorization: Bearer ABC123HIJABC123HIJABC123HIJ Content-Type:
application/x-www-form-urlencoded
User-Agent: Mozilla/5.0 (X11; Linux x86_64) etc...etc...etc...
```

Authorization 请求头的值中包含一个表示授权类型的单词,紧接着是包含凭据的字符序列。人们可能对其他常见的授权类型更熟悉:Digest和Basic。

通常,服务在处理 Bearer 令牌时,会从Authorization请求头提取令牌。很多格式的令牌,例如 OAuth 2.0(JWT)(即下文的 JSON Web Token 令牌格式),通常将 Base64 编码用作一种 URL 友好的格式,因此验证令牌的第一步就是解码,以获取原有内容。如果令牌使用私钥加密,服务就需要使用公钥验证令牌确实由正确的发行方颁发。

有关 JSON Web Token(JWT)令牌格式的详细讨论,请参考其RFC标准。本章我们要分析的代码将大量使用 JWT 格式的令牌。

10.2　ASP.NET Core Web 应用安全

在考虑ASP.NET Core Web应用的安全时,必然要决定身份验证和授权机制,然后使用正确的中间件。身份验证中间件检查传入的HTTP请求,确定用户是否已登录,如果没有登录,就向用户发起询问并完成重定向。

在云环境中,如果要让应用尽可能专注于其自有业务逻辑,最可靠的身份验证方式之一,就是使用 Bearer 令牌。

在本章的示例中,我们将主要关注OpenID Connect和JWT格式的Bearer令牌。

10.2.1　OpenID Connect基础

根据所开发的应用类型和应用安全需求的不同,可供选用的身份验证流程十分宽泛。OpenID Connect(接下来将简称为 OIDC)是OAuth2的一个超集,它规定了身份提供方(Identity Providers,IDP)、用户和应用之间安全通信的规范和标准。

还有一些为单页应用、移动应用和传统 Web 应用设计的授权流程。图 10-1 展示了 Web应用授权流程的简要处理步骤。

在这一流程中,当未登录的用户请求网站上受保护的资源时,网站将用户重定向到身份提供方,同时向身份提供方指示用户登录之后的回调方式。如果一切正常,身份提供方将向网站提供一个很快会过期的简短字符串,称为访问码。网站(在这个场景中,也称为受保护的资源)接着立即向身份提供方发起一个HTTP POST调用,其中包含客户端 ID(译者注:这里的客户端是相对于身份提供方的一种表述。实际指的是网站需要提前从身份提供方申请成为其客户端,并领取客户端 ID 和对应的密钥)、客户端密钥(译者注:这里应为一种简化表达。实际上,网站并不会直接将客户端密钥发回给身份提供方,而是发回经过签名的值。签名算法是由身份提供方提前指定的某种加密算法,在签名过程中客户端密钥将参与运算)以及访问码。在响应中,IDP 将返回 JWT 格式的 OIDC 令牌。

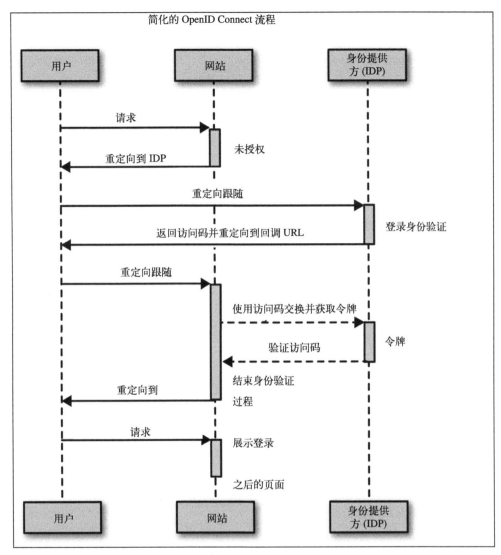

图 10-1 简化的 OpenID Connect 流程

网站收到并验证令牌后，即认为用户已经登录成功。网站这时才会写入身份验证 Cookie，并将用户重定向到主页或原始的受保护资源处。接下来，网站将直接借助 Cookie 识别用户，而跳过与 IDP 交互的流程。

其他很多复杂流程包含资源概念，以及使用更复杂重定向循环来获取访问令牌等概念。不过，作为示例，我们将使用最简化的流程。而这也是一种相对安全的流程，因为包含身份特征的 Bearer 令牌不会在 URL 中公开，仅有一个临时存续并立即用于在安全连接中交换令牌的字符串。

OIDC参考资源OpenID Connect的历史起源于原始的OAuth标准，以及其他很多与安全和身份验证相关的概念。我推荐阅读由Jonathan LeBlanc and Tim Messerschmidt(O'Reilly)所著的*Identity & Data Security for Web Development*一书。其中的代码清单用Node.js编写，易于理解。该书值得作为单独学习身份验证标准的读物。

现在看起来有些复杂，不过只要对 OIDC 稍加了解便可以发现，我们只需要使用相当简短的代码即可实现功能(得益于存在可用的开源中间件)，因此并不令人畏惧。

10.2.2 使用OIDC保障ASP.NET Core应用的安全

作为本章第一个代码清单，我们将使用 OIDC 为一个简单的 ASP.NET Core MVC Web 应用提供安全保障功能。在此之前，需要一系列准备工作：

- 一个空的 Web 应用
- 一个身份提供方服务
- 某种 OIDC 中间件

1. 创建一个空的 Web 应用

在终端中执行下面的命令即可轻松完成第一部分：

```
$ dotnet new mvc
```

这一命令将使用 MVC 模板创建一个简单的Web应用，其中包含一个stock控制器以及基本的布局、CSS和JavaScript。我们将基于它开始添加安全功能。如果要查看完整的代码清单，请转到GitHub。

2. 使用 Auth0 账号配置身份提供方服务

目前我们的应用还不具有安全功能，我们需要确定身份提供方服务的选型。在企业应用的场景里，我们可能会使用Active Directory联合身份验证服务(Active Directory Federation Services, ADFS)之类的产品。如果已经在使用Azure且运行有Active Directory，就可以直接使用Azure AD为应用添加安全功能。我们也可以选用其他IDP，例如Ping Federate或者Forge Rock(译者注：这两者以及Azure Active Directory和后文提到的Auth0、Google、Stormpath和Okta等产品和平台都指的是第三方身份提供方产品和服务)。还有丰富的开源产品也能够满足实验和测试场景中简单的IDP功能需要。

为了在不需要投入专门基础设施和额外前期成本的情况下开发示例程序，我们需要寻找一种易于使用并提供免费试用期限的身份提供方服务。作为本章的例子，我将选用Auth0。还有一些其他服务可供使用，例如Google 和 Stormpath(正在与Okta合并)。将

Google 作为 IDP 将只能以 Google 账号登录，而 Auth0、Stormpath 和其他同类产品都允许使用私有用户数据库，或者接收其他常见的 OIDC 身份，例如 Facebook 和 Twitter(译者注：常见的身份提供方还有微信、微博、Microsoft 账号和 GitHub 账号等)。

现在可转到 https://auth0.com/，注册完成后进入面板，点击"创建客户端"按钮，请确保应用类型选择为"常规 Web 应用"。选择 ASP.NET Core 作为实现语言后，将转到一个"快速开始"教程，其代码与本章将要编写的内容非常相似。

配置 Auth0 客户端

Auth0 提供的 .NET Core 教程的起始部分非常重要，请按照指示完成操作。其中要求将高级设置中的 JWT 签名算法改为 RS256。

在本章要使用的客户端中，我选择连接到私有用户数据库，不过你可以根据自己的喜好作出选择，也可从 Facebook 或者 Twitter 导入身份。

3. 使用 OIDC 中间件

值得庆幸的是，我们并不需要自己实现重定向和其他 OIDC 标准的底层细节。留给我们的工作仅限于决定何时初始化身份问询(即强制用户转到 IDP 完成登录)，并完成 OIDC 中间件的配置工作。

代码清单 10-1 展示的是在此前创建的空 Web 应用中经过修改的 Startup.cs 文件。稍后再作具体分析。

代码清单 10-1　src/StatlerWaldorfCorp.SecureWebApp/Startup.cs

```
using System;
using System.Collections.Generic;
using System.Linq;
using System.Security.Claims;
using System.Threading.Tasks;
using Microsoft.AspNetCore.Builder;
using Microsoft.AspNetCore.Hosting;
using Microsoft.Extensions.Configuration;
using Microsoft.Extensions.DependencyInjection;
using Microsoft.Extensions.Logging;
using Microsoft.Extensions.Options;
using Microsoft.AspNetCore.Authentication.Cookies;
using Microsoft.AspNetCore.Authentication.OpenIdConnect;
using Microsoft.AspNetCore.Http;

namespace StatlerWaldorfCorp.SecureWebApp
{
    public class Startup
    {
        public Startup(IHostingEnvironment env)
        {
```

```
    var builder = new ConfigurationBuilder()
        .SetBasePath(env.ContentRootPath)
        .AddJsonFile("appsettings.json",
            optional: true, reloadOnChange: false)
        .AddEnvironmentVariables();
    Configuration = builder.Build();
}

public IConfigurationRoot Configuration { get; }

public void ConfigureServices(IServiceCollection services)
{
    services.AddAuthentication(
        options => options.SignInScheme =
    CookieAuthenticationDefaults.AuthenticationScheme);

    // 添加框架服务
    services.AddMvc();
    services.AddOptions();
    services.Configure<OpenIDSettings>(
        Configuration.GetSection("OpenID"));
}

public void Configure(IApplicationBuilder app,
          IHostingEnvironment env,
          ILoggerFactory loggerFactory,
          IOptions<OpenIDSettings> openIdSettings)
{
    Console.WriteLine("Using OpenID Auth domain of : " +
        openIdSettings.Value.Domain);
    loggerFactory.AddConsole(
        Configuration.GetSection("Logging"));
    loggerFactory.AddDebug();

    if (env.IsDevelopment())
    {
        app.UseDeveloperExceptionPage();
    }
    else
    {
        app.UseExceptionHandler("/Home/Error");
    }

    app.UseStaticFiles();
    app.UseCookieAuthentication(
        new CookieAuthenticationOptions
        {
            AutomaticAuthenticate = true,
            AutomaticChallenge = true
        });

    var options =
        CreateOpenIdConnectOptions(openIdSettings);
    options.Scope.Clear();
    options.Scope.Add("openid");
```

```csharp
        options.Scope.Add("name");
        options.Scope.Add("email");
        options.Scope.Add("picture");

        app.UseOpenIdConnectAuthentication(options);
        app.UseMvc(routes =>
        {
            routes.MapRoute(
                name: "default",
                template: "{controller=Home}/{action=Index}/{id?}");
        });
    }

    private OpenIdConnectOptions CreateOpenIdConnectOptions(
        IOptions<OpenIDSettings> openIdSettings)
    {
        return new OpenIdConnectOptions("Auth0")
        {
            Authority =
                $"https://{openIdSettings.Value.Domain}",
            ClientId = openIdSettings.Value.ClientId,
            ClientSecret = openIdSettings.Value.ClientSecret,
            AutomaticAuthenticate = false,
            AutomaticChallenge = false,

            ResponseType = "code",
            CallbackPath = new PathString("/signin-auth0"),

            ClaimsIssuer = "Auth0",
            SaveTokens = true,
            Events = CreateOpenIdConnectEvents()
        };
    }

    private OpenIdConnectEvents CreateOpenIdConnectEvents()
    {
        return new OpenIdConnectEvents() {
            OnTicketReceived = context =>
            {
                var identity =
                    context.Principal.Identity as ClaimsIdentity;
                if (identity != null) {
                    if (!context.Principal.HasClaim(
                        c => c.Type == ClaimTypes.Name) &&
                        identity.HasClaim(c => c.Type == "name"))
                    identity.AddClaim(
                        new Claim(ClaimTypes.Name,
                            identity.FindFirst("name").Value));
                }
                return Task.FromResult(0);
            }
        };
    }
}
```

与之前各章代码的第一点区别在于，我们创建了一个名为OpenIdSettings的选项类，从配置系统读入后，以 DI 服务方式提供给应用。它是一个简单类，其属性仅用于存储每种OIDC 客户端都会用到的四种元信息：

- **授权域名** IDP 的根主机名。
- **客户端 ID** 由IDP颁发的标识。在Auth0的客户端配置页面上可以查看。
- **客户端密钥** 在Auth0的客户端配置页面上，有一个按钮可将客户端密钥的值复制到剪贴板。
- **回调URL** 在用户登录后，IDP 将用户重定向到网站时的目标位置。在 Auth0 的客户端配置页面上允许的回调 URL 列表中，必须配置这个值。

由于这些信息的敏感性，我们的 appsettings.json 文件没有签入到 GitHub，不过代码清单10-2列出了它的大致格式。

代码清单 10-2　appsettings.json

```
{
    "Logging": {
      "IncludeScopes": false,
      "LogLevel": {
          "Default": "Debug",
          "System": "Information",
          "Microsoft": "Information"
      }
    },
    "OpenID": {
        "Domain" : "bestbookeverwritten.auth0.com",
        "ClientId" : "<client id>",
        "ClientSecret": "<client secret>",
        "CallbackUrl": "http://localhost:5000/signin-auth0"
    }
}
```

接下来要在Startup类中执行的两步操作是，让 ASP.NET Core 使用 Cookie 身份验证和OpenID Connect 身份验证。需要记住，OIDC 用于识别用户的身份，当完成用户识别后，就会使用 Cookie 标记用户身份。

代码中另一个关键部分在于 CreateOpenIdConnectEvents 方法。此处，我们定义的函数将在从 IDP 取回身份验证令牌之后被调用。在该函数中，我们提取令牌上携带的身份特征(claim)。如果其中包含名称特征，则使用正确的预定义标准特征类型(译者注：原文为well-known constant for the appropriate claim type，即系统预先定义的常见身份特征类型，其中包含"名称"特征)。将其添加为当前用户的身份特征。这一过程可以让 OIDC 令牌中的name特征转译为 ClaimsIdentity 类型实例的Name属性。如果没有这段代码，就会出现用户登录之后，用户名为空值的情况。

微软定义的特征与 OpenID 定义的特征

此处我们遇到的问题是 ASP.NET Core 的身份系统依赖使用 ClaimTypes.Name 常量
(值为 http://schemas.xmlsoap.org/ws/2005/05/identity/claims/name)获取用户名。但在
OpenID 的 JWT 令牌中，用于对应用户名的特征类型是 name。每当需要合并 OIDC 身
份和 ASP.NET 身份时，都需要对特征进行这种转译。

如果现在运行应用，会发现上面的工作似乎没有产生任何效果。应用仍然允许匿名身份，
而且不会触发 Auth0 IDP 的登录流程。

为实现这项新功能，我们要添加一个 account 控制器，如代码清单10-3所示。这个控制器
提供的功能包括登录、注销，以及使用一个视图显示用户身份中的所有特征。

代码清单 10-3　src/StatlerWaldorfCorp.SecureWebApp.Controllers.AccountController

```
using Microsoft.AspNetCore.Authentication.Cookies;
using Microsoft.AspNetCore.Mvc;
using Microsoft.AspNetCore.Http.Authentication;
using Microsoft.AspNetCore.Authorization;
using System.Linq;
using System.Security.Claims;

namespace StatlerWaldorfCorp.SecureWebApp.Controllers
{
    public class AccountController : Controller
    {
        public IActionResult Login(string returnUrl = "/")
        {
            return new ChallengeResult("Auth0",
                new AuthenticationProperties() {
                    RedirectUri = returnUrl
                });
        }

        [Authorize]
        public IActionResult Logout()
        {
            HttpContext.Authentication.SignOutAsync("Auth0");
            HttpContext.Authentication.SignOutAsync(
                CookieAuthenticationDefaults.AuthenticationScheme);

            return RedirectToAction("Index", "Home");
        }

        [Authorize]
        public IActionResult Claims()
        {
            ViewData["Title"] = "Claims";
            var identity =
                HttpContext.User.Identity as ClaimsIdentity;
            ViewData["picture"] =
```

```
                identity.FindFirst("picture").Value;
            return View();
        }
    }
}
```

请观察 Logout方法的代码。ASP.NET Core能支持多种登录方案(scheme)同时工作。在我们的例子里,同时支持Cookie方案以及一个名为Auth0的方案(也可使用更泛化的名字,如OIDC)。当用户注销时,我们要确保所有这些登录方案中的状态都被清空。

这里还声明了一个新方法Claims。这个方法会搜索用户身份信息(可转换为ClaimsIdentity类型)中携带的picture 特征。一旦找到picture特征,就将其值放入ViewData 字典中。

对特征支持的差异性

并非所有IDP都提供picture特征。Auth0如果能够通过用户的登录方式获取用户的头像,则会向我们提供这一特征(稍后将在示例中展示,当用户登录时的邮件地址与Gravatars网站上的注册信息匹配时即可支持)。让代码依赖特定特征之前,请确保能够从IDP处获取所有特征的列表。

代码清单10-4展示了Claims视图的代码,它从特征集合中逐个取出特征的类型和值,并呈现在表格中;同时,视图还显示用户头像。

代码清单 10-4　Claims.cshtml

```html
<div class="row">
    <div class="col-md-12">
        <h3>Current User Claims</h3>
        <br/>
        <img src="@ViewData["picture"]" height="64" width="64"/><br/>
        <table class="table">
            <thead>
                <tr>
                    <th>Claim</th><th>Value</th>
                </tr>
            </thead>
            <tbody>
                @foreach (var claim in User.Claims) {
                    <tr>
                        <td>@claim.Type</td>
                        <td>@claim.Value</td>
                    </tr>
                }
            </tbody>
        </table>
    </div>
</div>
```

图 10-2 所示为使用绑定了我的电子邮箱的账号登录应用后，/Account/Claims 页面的最终效果。

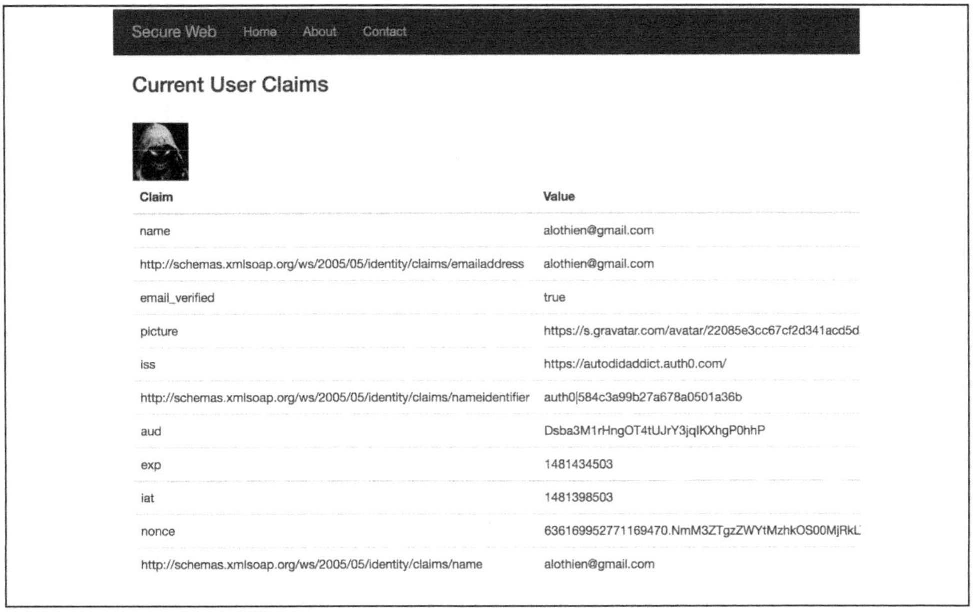

图 10-2　在使用 OIDC 提供安全功能的应用中枚举身份特征

现在，我们已经基于一个从模板生成的空白 ASP.NET Core Web 应用，建立了与第三方云友好的身份提供服务的连接。这让应用能够利用 Bearer 令牌和 OIDC 标准的优势，从手工管理身份验证的负担中解放出来。

尽管由于长期以来模板向导过于膨胀，我通常倡导要避免使用，不过此处却是一个合适的用例，因为对于模板提供的样式和布局，我们原本也需要创建。

10.2.3　OIDC 中间件和云原生

前面已经多次提到，对特定操作系统提供的安全特性的依赖最终将在云环境中导致很多问题。当应用在能够弹性缩放的平台中运行时，很多因素可能导致问题，甚至我们新引入的 OIDC 中间件就与其中一些问题有关。

如果在 Windows 外的系统上运行应用，就能注意到启动期间会出现类似于下面这样的警告信息：

```
warn: Microsoft.Extensions.DependencyInjection.DataProtectionServices[59]
      Neither user profile nor HKLM registry available.
      Using an ephemeral key repository.
        Protected data will be unavailable when application exits.
warn: Microsoft.AspNetCore.DataProtection.Repositories.EphemeralXmlRepository[50]
```

```
Using an in-memory repository.
Keys will not be persisted to storage.
```

问题的关键在于使用了加密密钥和数据保护功能。如果是传统的基于大而全的 Windows Server 开发的 .NET 应用，我们便可能依赖操作系统管理加密密钥。

设想一个场景，我们并非在个人电脑上运行应用的单一实例，而是在云环境中运行 20 个示例。未登录的用户未携带验证码和令牌时访问到实例 1，然后被重定向到 IDP，当用户回到应用时访问到实例 2。如果在 OIDC 流程中使用的信息由实例 1 加密生成而无法由实例 2 解密，那么应用在运行期间将发生严重事故。

解决方法是将安全密钥的存取视为后端服务。有很多专注于这一领域的第三方产品，例如 Vault，也可以使用 Redis 之类的分布式缓存存储临时密钥。

我们已经讨论过在使用 Netflix OSS 技术栈时，如何借助 Steeltoe 类库支持应用配置和服务发现。在这里，我们也可以使用来自 Steeltoe 的 NuGet 模块 Steeltoe.Security. DataProtection.Redis。它专门用于将数据保护 API 所用的存储从本地磁盘（不符合云原生原则）迁移到外部的 Redis 分布式缓存中。

利用这个类库，可使用以下方式在 Startup 类的 ConfigureServices 方法中配置由外部存储支持的数据保护功能：

```
services.AddMvc();

services.AddRedisConnectionMultiplexer(Configuration);
services.AddDataProtection()
        .PersistKeysToRedis()
        .SetApplicationName("myapp-redis-keystore");

services.AddDistributedRedisCache(Configuration);

services.AddSession();
```

接着，我们在 Configure 方法中调用 app.UseSession() 以完成外部会话状态的配置。

在进入本章安全集成的后续话题之前，可以转到 Steeltoe 的 GitHub 仓库直接查看这一部分的实现。

10.3　保障 ASP.NET Core 微服务的安全

当为没有界面（也称为"Headless 模式"）的微服务提供安全保障时，任何需要与用户和浏览器直接交互才能完成的重定向流程都自然被排除在外。

本节，我们讨论为微服务提供安全保障的几种方法，并通过开发一个使用 Bearer 令牌提供安全功能的微服务演示其中的一种方法。

10.3.1　使用完整OIDC安全流程保障服务的安全

为保障基于 OIDC 的网站的后端服务的安全，一种常见方法是直接实现一种专为服务设计的 OIDC 登录流程。

图 10-3 所示为流程图。在这种流程中，用户登录的流程前面已经讨论过，即通过几次浏览器重定向完成网站和 IDP 之间的交互。当网站获取到合法身份后，会向 IDP 申请访问令牌，申请时需要提供身份令牌以及正在被请求的资源的信息。

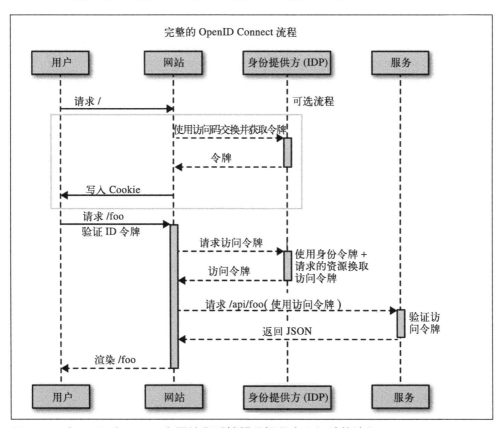

图 10-3　OpenID Connect 为网站和后端服务提供安全保障的流程

实际上，网站是在与 IDP 确认，"是否允许用户 X 访问资源 Y？"如果允许，则颁发一个令牌以示确认。网站获取到的令牌可由特定服务所验证。如果网站向服务提供的令牌未向用户授予访问资源所需的权限，则服务会拒绝 HTTP 调用并返回 401（未授权）或者 403(禁止访问)作为结果。

如果并非每个服务调用都涉及用户交互并需要确定用户是否具有对资源的读写权限,那么这种授权流程就可能超出你的需求,反而变成一项重要的劣势。

每个访问令牌都需要验证。有些令牌只需要成功打开即认为验证成功,但在很多场景中,访问令牌是直接发回 IDP 来验证的。这让 IDP 成为系统中每次处理期间的必要部分,也让它成为一项风险,是系统失败的关键节点。

你可自行决定是否要采用这一策略,不过如果仅需要确定是否允许某个消费方应用(无论是服务还是具有界面的应用)调用特定后端服务 API,那么有一种简单得多的方法,我们接下来会讨论。

10.3.2　使用客户端凭据保障服务的安全

客户端凭据模式是保障服务安全的最简单方法之一。首先,只允许通过 SSL 与服务通信;此外,消费服务的代码需要在调用服务时附加凭据。这种凭据通常就是用户名和密码;在一些不存在人工交互的场景中,将其称为客户端标识(key)和客户端密钥(secret)更准确。我们见过不少云上托管的公开 API,在调用时需要提供客户端标识和密钥,这些 API 就是客户端凭据模式的典型实现。

一种常见的实践是使用以 X- 为前缀的自定义 HTTP 请求头的形式传输客户端标识和密钥,如X-MyApp-ClientSecret 和X-MyApp-ClientKey请求头。

这种安全性的实现代码实际上相当简单,因此我们跳过具体示例。但正由于其过于简单,这种解决方案也存在一系列缺陷。

例如,如果某个客户端以非法方式使用系统,如何应对?能否禁用其访问权?如果大量客户端遭受了拒绝服务攻击,能否阻断所有这些客户端的访问权?最可怕的情景可能是:某个客户端的密钥和标识被泄露,用户能够访问机密信息而不会触发任何能够封禁他们的行为警报。

我们需要一种能结合这两者的方案:既具有不必与第三方通信即可验证的可移植凭据的简单性,又具有 OpenID Connect 很多实用的安全功能,例如对令牌的颁发方名称、接收方名称(目标)和过期时间等的验证。

10.3.3　使用 Bearer 令牌保障服务的安全

在对 OpenID Connect 的探讨过程中,我们发现对可移植、可独立验证的令牌的封装和处理能力是支撑其所有登录流程的关键。

Bearer 令牌,尤其是符合 JSON Web 令牌(JWT)标准的 Bearer 令牌,也可独立于 OIDC

流程为服务添加安全保障，不必引入任何浏览器重定向，也不必满足消费方必须是人这一隐含前提。

本章前面使用的 OIDC 中间件是基于 Microsoft.AspNetCore.Authentication.JwtBearer NuGet 包提供的 JWT 中间件实现的。

为使用 JWT 中间件为服务添加安全功能，首先需要从本书前面的示例中选取一种方式创建一个空服务，作为备用材料或模板。接着添加 JWT Bearer 身份验证的 NuGet 包引用。

在服务的 Startup 类型的 Configure 方法中启用并配置 JWT Bearer 身份验证，如代码清单10-5 所示。

代码清单 10-5　Startup.cs

```
app.UseJwtBearerAuthentication(new JwtBearerOptions
{
    AutomaticAuthenticate = true,
    AutomaticChallenge = true,
    TokenValidationParameters = new TokenValidationParameters
    {
        ValidateIssuerSigningKey = true,
        IssuerSigningKey = signingKey,
        ValidateIssuer = false,
        ValidIssuer = "https://fake.issuer.com",
        ValidateAudience = false,
        ValidAudience = "https://sampleservice.example.com",
        ValidateLifetime = true,
    }
});
```

我们可控制在接收 Bearer 令牌期间要执行的各种验证，包括颁发方签名证书、颁发方名称、接收方名称以及令牌的时效。验证令牌时间通常还要求配置令牌颁发方与被保护服务之间允许的时间偏差范围。

在上面的代码中，我们禁用了颁发方和接收方名称验证，其过程都是相当简单的字符串对比检查。开启验证时，颁发方和接收方名称必须与令牌中包含的颁发方和接收方名称严格匹配。

例如，我们有一个股票管理服务，运行期间需要名为alienshoesfrommars.com的存储服务的支持。对应的颁发方名称的值可能是 https://idp.alienshoesfrommars.com，而接收方名称的值则是服务自身，即https://stockservice.fulfillment.alienshoesfrommars.com。尽管按照惯例这些名称都是 URL 格式，却并不要求它们是真正能够响应令牌验证请求的在线网站。

你可能注意到，我们开启了对颁发方签名证书的验证。这基本上是我们能够用来确保

Bearer 令牌确实是由已知的可信颁发方所颁发的唯一途径。要创建一个密钥，用于与令牌签名时所用的密钥进行对比，我们需要一个保密密钥（某个值），并从它创建一个 SymmetricSecurityKey，如下代码所示：

```
string SecretKey = "seriouslyneverleavethissitting in yourcode";
SymmetricSecurityKey signingKey =
    new SymmetricSecurityKey(
    Encoding.ASCII.GetBytes(SecretKey));
```

注意字符串的说明，我们绝不能把保密密钥存储在代码中。其值应该来自环境变量，或者某种外部的产品（如Vault）或分布式缓存（如Redis）。攻击者只要获得了保密密钥，就能随意伪造 Bearer 令牌，并随心所欲地访问已经毫无防备的微服务。

安全与密钥刷新机制

如果用于为 Bearer 令牌签名的密钥每隔几分钟或者每小时就会更新一次，那么即使有人截获了密钥并伪造令牌，其破坏效果也只能持续较短的时间。一些成型产品和定制产品通常提供一些策略可以保留近期用过的密钥，以便验证程序可以按照当前密钥检查，也可按照先前的密钥进行检查。此外，客户端代码也可能内置当服务返回 401 和 403 响应时，从消费方重新获取密钥的功能。被入侵者获取系统的访问权可能难以避免，但利用密钥刷新机制，缩短令牌的有效期，并尽量缩小允许的时间偏差等技术，既能缓解被攻击者截获密钥的风险，又能消除入侵者产生的破坏效果。

这基本就是使用 Bearer 令牌为服务添加安全保障的所有步骤。最后一步，只需要向要求身份验证的控制器方法添加[Authorize]特性，JWT 验证中间件就能在这些方法上生效。未添加特性修饰的方法将默认允许不登录访问（也可修改这一行为）。

为了消费安全的服务，我们需要创建一个简单的控制台应用，它从一组Claim对象生成一个 JwtSecurityToken 实例，并作为 Bearer 令牌放入 Authorization 请求头发给服务端：

```
var claims = new[]
{
    new Claim(JwtRegisteredClaimNames.Sub, "AppUser_Bob"),
    new Claim(JwtRegisteredClaimNames.Jti,
        Guid.NewGuid().ToString()),
    new Claim(JwtRegisteredClaimNames.Iat,
        ToUnixEpochDate(DateTime.Now).ToString(),
        ClaimValueTypes.Integer64),
};
var jwt = new JwtSecurityToken(
    issuer: "issuer",
    audience: "audience",
    claims: claims,
    notBefore: DateTime.UtcNow,
```

```
    expires: DateTime.UtcNow.Add(TimeSpan.FromMinutes(20)),
    signingCredentials: creds);

var encodedJwt = new JwtSecurityTokenHandler().WriteToken(jwt);

httpClient.DefaultRequestHeaders.Authorization =
    new AuthenticationHeaderValue("Bearer", encodedJwt);

var result = httpClient.GetAsync("http://localhost:5000/api/secured").
Result;
Console.WriteLine(result.StatusCode);
Console.WriteLine(result.Content.ToString());
```

下面是一个受安全机制保护的控制器方法，它将枚举从客户端发来的身份特征。请注意，根据我们在中间件中的配置，如果Bearer令牌无法被验证，这部分代码将不可能被执行：

```
[Authorize]
[HttpGet]
public string Get()
{
    foreach (var claim in HttpContext.User.Claims) {
        Console.WriteLine($"{claim.Type}:{claim.Value}");
    }
    return "This is from the super secret area";
}
```

由于 JWT 验证中间件是现成的，向服务添加 Bearer 令牌安全机制只需要非常少的工作。如果要控制特定客户端能够访问的控制器方法，我们可以利用策略(policy)概念，策略是在授权检查过程中执行的一小段代码。

例如，我们可以定义一个名为CheeseburgerPolicy的策略，并创建一个被保护的控制器方法，要求不仅携带正确的 Bearer 令牌，还需要令牌满足策略定义的条件：

```
[Authorize( Policy = "CheeseburgerPolicy")]
[HttpGet("policy")]
public string GetWithPolicy()
{
    return "This is from the super secret area w/policy enforcement.";
}
```

在ConfigureServices方法中配置策略的过程很简单。在下例中，我们创建了CheeseburgerPolicy策略，它要求特定的特征(icanhazcheeseburger)的值匹配指定的值(true)：

```
public void ConfigureServices(IServiceCollection services) {
    services.AddMvc();
    services.AddOptions();
    services.AddAuthorization( options => {
        options.AddPolicy("CheeseburgerPolicy",
            policy =>
```

```
                            policy.RequireClaim("icanhazcheeseburger", "true"));
        });
    }
```

现在，只要修改控制台应用，在其中添加这种类型的特征并将值指定为 true，就既能调用普通受保护的控制器方法，又能调用标记了 CheeseburgerPolicy 策略的方法。

该策略需要特定的身份特征、用户名、条件以及角色。还可以通过实现 IAuthorizationRequirement 接口定义定制的需求，这样就可以添加自定义验证逻辑而不会影响各个控制器。

10.4　本章小结

安全并不应该是一种事后补足的设计，也难以精练到在一个章节里完整地讨论。本章讲述如何使用 OIDC 保障 Web 应用的安全，以及如何使用 JWT Bearer 令牌技术为微服务提供安全保障。

在上述两种场景中，都有现成的中间件可用，而我们只需要掌握如何配置并调用正确的代码，以及理解各种安全技术的工作原理。如果你对云环境中的身份和安全通信兴趣浓厚，我强烈建议你参阅相关书籍以及相关主题的在线资源。

第11章

开发实时应用和服务

遍布本书，我们见过微服务以各种方式接收输入并生成输出。有传统的 RESTful 服务，也有消费和生产队列消息的服务。

对于现代 Web 和移动应用的用户来说，他们的期望常常超出我们在第 6 章 (ES/CQRS) 讨论过的最终一致性。他们非常关心那些对他们来说很重要的事项，而且希望立即收到与这些有关的信息。

这促使我们进入本章话题的讨论：实时服务。在本章，我们将讨论"实时"的准确含义，以及在大部分消费者看来应该属于这一范畴的应用类型。接着，我们将探讨 WebSocket，并分析为什么传统的 WebSocket 与云环境完全不相适应，最后我们将构建一个实时应用的示例，用于展示向一个事件溯源系统添加实时消息的强大功能。

11.1　实时应用的定义

在定义实时应用之前，我们首先需要定义什么是实时。与"微服务"概念一样，实时是一个过度提及和使用的概念，每当它出现在某个讨论的场合，总能出现两种以上不同的含义。

Definithing.com 网站对它的定义是：

用于以接收数据相同的频率更新信息的计算机系统。

还有一些定义认为，只要能在数毫秒内处理输入并生成输出，系统就是实时的。在我看来，这一说法中的具体值太模糊。对于某些对延迟要求极为严格的系统来说，实时可能意味着处理时间应该在几百微秒(而非毫秒)之内。

我们在第6章创建的事件处理器可以在几毫秒内处理输入(团队成员位置变动事件)、检测位置接近,并根据检测结果生成位置接近事件。根据上面讨论的任何一种定义,我们的位置事件处理器都应该认为是一个实时系统。

我认为,实时系统的定义可以稍微宽泛一点,只要是事件的接收与处理过程之间只有少许延迟,或者完全没有延迟都可以认为是实时系统。这里的"少许"需要由开发团队基于系统需求和业务领域达成一致,而不是某种随意选择的衡量标准、模棱两可的数值。

有一种说法认为,实时应用的一个典型场景就是导弹的导航系统,或者航班预订系统。导弹的导航系统的实时性很容易理解——嵌入式处理器每秒需要基于来自几百个传感器回传的信息执行数百万次运算,从而控制弹体的飞行,并向地面汇报情况。与此类似的实时应用还有自动驾驶汽车、业余及商业无人机飞控软件,以及面向直播视频源的模式识别等。

不过,航班预订系统是实时系统吗?我认为它与上面其他系统之间的距离相对较远。我们很多人都体验过这些系统以最终一致性(或者,非强一致)的方式运行。有时,你订一张票,手机可能在 24 小时之后才收到登机牌信息。航班延迟或者登机口更换的通知可能在原本应该及时关注的一小时之后才到达。虽然确实存在例外,但大部分这类系统都是一种批量作业系统,或者频度固定的轮询系统,很少表现出实时性。

这让我们关注实时系统的另一个反模式。下面是从真正的实时系统中区分出非实时系统的几个特点:

- 应用收集输入数据后,在生成输出之前,有明显的等待。
- 应用只按照固定间隔或者基于某种按计划或随机触发的外部信号生成输出。

实时系统有一个真正常见的迹象和特征,即当相关方关注的事件发生时,它们会收到推送通知,而不是由相关方以挂起等待或者间隔查询的方式来检查新状态。接下来将讨论多种推送通知方式。

11.2 云环境中的 WebSocket

本书前面的内容已经大量地涉及一种消息通信方式,即基于 RabbitMQ 之类的消息服务器提供的消息队列通信。在开发人员看来,实时应用通常就是利用 WebSocket 将数据和消息实时地推送到 Web 界面的做法。

仅在几年之前,一个能够动态地更新并响应用户操作的网站就能被认为是先进的、能够代表"未来"。而现在,我们却认为这类功能相当稀松平常。

在登录购物网站时，我们期待它应当提供与客服人员实时交流的能力。对于有人评论我们发表在社交网站上的文章，或者有人转发我们的微博而弹出的通知，我们已经习以为常。

大多数这类功能都是直接用 WebSocket 实现的，几年前是这样，现在仍然如此，仍是由 WebSocket 或设计上与 WebSocket 类似的技术支持的。

11.2.1　WebSocket 协议

WebSocket 协议始于 2008 年，它定义了浏览器与服务器之间建立持久的双向 Socket 连接的标准。这让服务器向运行于浏览器中的 Web 应用发送数据成为可能，其间不需要由 Web 应用执行"轮询"（不时地检查新状态，通常会令应用的性能急剧下降）。

在底层实现中，浏览器向服务器请求对连接进行升级。握手完成后，浏览器和服务器将切换为单独的二进制 TCP 连接，以实现双向通信。

根据 WebSocket 规范，以及对应的维基页面，请求升级连接的 HTTP 请求的形态为：

```
GET /chat HTTP/1.1
Host: server.example.com
Upgrade: websocket
Connection: Upgrade
Sec-WebSocket-Key: x3JJHMbDL1EzLkh9GBhXDw==
Sec-WebSocket-Protocol: chat, superchat
Sec-WebSocket-Version: 13
Origin: http://example.com
```

WebSocket 连接一经建立，就可用于各种场景，从社区媒体网站推送弹出通知，到视图和监控数据流的更新，甚至还能支持完全基于 HTML 和对图形与 CSS 的巧妙运用而构造的多玩家游戏。

11.2.2　部署模式

那么这些与云有什么关系？在传统的部署模式中，我们先准备一台服务器（物理机或虚拟机），安装服务器软件（如 IIS Web 服务器，或 WebSphere 之类的 J2EE 容器），然后完成应用的部署。如果应用具有伸缩能力、部署于服务场中，则在服务器场或集群中的每台服务器上重复这一过程。

当用户登录网站，在页面上与服务器建立 WebSocket 连接，不管最初处理请求的是哪台服务器，连接都能得以保持。在用户点击刷新或者跟随链接离开之前，WebSocket 应该能正常工作，虽然代理和防火墙也可能带来其他一些问题。

现在，假如所有服务器都运行在亚马逊云的弹性计算服务环境中。当虚拟机被托管在云基础设施中时，它们就可能随时被搬移、销毁并重建。这原本是一件好事，旨在让应用近平不受限制地伸缩。不过，这也意味着这种"实时"WebSocket连接可能被切断或者严重延迟，并在不知不觉中失去响应。

此外，在单台服务器上持续保持着TCP连接会影响应用本身的伸缩能力。根据请求量级和应用代码处理的数据量的不同，管理这些连接和它们传输的数据也可能变成一项棘手的负担。

此处的解决方案通常是将对WebSocket的使用独立出去——把管理WebSocket连接和数据传输的工作转移到应用的代码之外的位置（可单独伸缩）。另一种有利于伸缩的方法是完全放弃WebSocket，而使用基于HTTP的通信体系。

简单地说，相比于在自己的应用中管理WebSocet，我们应该选用一种基于云的消息服务，让更专业的人来完成这项工作。需要保持清醒的是，我们开发应用是为了解决业务问题，通常并不是为了精通WebSocket的管理。

至于是选用在自己的基础设施上托管的云消息服务，还是云环境中的其他消息服务，可根据需求和业务领域自行决定。

11.3 使用云消息服务

我们的应用需要拥有实时通信能力。我们希望微服务能够向客户端推送数据，但客户端无法建立到微服务的持续TCP连接。我们还希望能够使用相同或类似的消息机制向后端服务发送消息。

为让微服务遵循云原生特性、保留可伸缩的能力，并在云环境中自由地搬移，我们需要挑选一种消息服务，把一定的实时通信能力提取到进程之外。

提供消息服务的厂商数目众多，并且还在快速增加。下面列举的只是其中一些厂商，他们提供的云消息服务有的是独立产品，有的则是大型服务套件中的一部分：

- Apigee(API网关与实时消息通信)

- PubNub(实时消息通信与活跃度监控)

- Pusher(实时消息通信活跃度监控)

- Kaazing(实时消息通信)

- Mashery(API网关与实时消息通信)

- Google(Google云消息通信)

- ASP.NET SignalR(Azure托管的实时消息通信服务)

- Amazon(简单通知服务)

基于实际需求、应用类型、资金预算、预期数据量以及是否需要与移动设备或者 IoT 组件交互等,来选择消息服务。

无论选择哪种机制,我们都应该投入一定的时间让代码与具体的消息服务相隔离,从而在更换服务商时,不至于产生太大影响。这里,推荐使用防腐层(Anti-Corruption Layer,ACL)把应用与提供商的具体实现模式进行隔离,防止其侵入业务代码。

本章将使用 PubNub。选择它,并没有什么特别的理由,不过它也确实有一些好处:简洁的 SDK、完善的文档、提供公开示例,以及用于演示时不要求我们输入信用卡信息。

11.4 开发位置接近监控服务

第6章在讨论事件溯源和命令查询职责分离模式时,开发了一个基于多个微服务的应用,它能即时检测团队成员相互接近的时机。

当系统检测到两名团队成员位于附近时,会生成一个 ProximityDetectedEvent 事件并放入队列——不过,当时我们并没有继续完成设计和编码工作。现在,我们要做的就是开发一个每当后端系统检测到接近事件时,就能够实时更新的监视器。

为了专注于此处的目标,我们让界面保持简单,不过,设想出一个实时用户界面应该并不困难。我们可以生成一张地图,在上面绘出两个团队成员的位置,当系统检测到他们相互接近时,就让他们的头像跳动,或者生成一个动画。这些团队成员的移动设备可能还会在同一时刻收到通知。

11.4.1 创建接近监控服务

我们的示例监控服务将包含一系列不同的组件。首先,我们需要消费由第6章编写的服务生成并放入队列的ProximityDetectedEvent事件。

此后,我们要提取事件中的原始信息,调用团队服务以获取可供用户读取识别的信息,例如团队和成员的名称。获取这些补充信息后,最后要在实时消息系统(这里使用 PubNub)上发出一条消息。

采用本书多次用过的另一种模式,我们将创建一个负责协调各方的processor 类。它所需的一系列工具将以注入形式提供。processor 类唯一重要的"处理"功能读起来应该就像从需求方收集到的上层逻辑流程文档一样直观。

代码清单 11-1 所示为 ProximityDetectedEventProcessor 类的代码,它正是我们的接近监控服务背后的上层协调逻辑。

```csharp
using System;
using Microsoft.Extensions.Logging;
using Microsoft.Extensions.Options;
using StatlerWaldorfCorp.ProximityMonitor.Queues;
using StatlerWaldorfCorp.ProximityMonitor.Realtime;
using StatlerWaldorfCorp.ProximityMonitor.TeamService;

namespace StatlerWaldorfCorp.ProximityMonitor.Events
{
public class ProximityDetectedEventProcessor : IEventProcessor
{
    private ILogger logger;
    private IRealtimePublisher publisher;
    private IEventSubscriber subscriber;

    private PubnubOptions pubnubOptions;

    public ProximityDetectedEventProcessor(
        ILogger<ProximityDetectedEventProcessor> logger,
        IRealtimePublisher publisher,
        IEventSubscriber subscriber,
        ITeamServiceClient teamClient,
        IOptions<PubnubOptions> pubnubOptions)
    {
        this.logger = logger;
        this.pubnubOptions = pubnubOptions.Value;
        this.publisher = publisher;
        this.subscriber = subscriber;

        logger.LogInformation("Created Proximity Event Processor.");

        subscriber.ProximityDetectedEventReceived += (pde) => {
            Team t = teamClient.GetTeam(pde.TeamID);
            Member sourceMember =
                teamClient.GetMember(pde.TeamID, pde.SourceMemberID);
            Member targetMember =
                teamClient.GetMember(pde.TeamID, pde.TargetMemberID);
            ProximityDetectedRealtimeEvent outEvent =
            new ProximityDetectedRealtimeEvent
            {
                TargetMemberID = pde.TargetMemberID,
                SourceMemberID = pde.SourceMemberID,
                DetectionTime = pde.DetectionTime,
                SourceMemberLocation = pde.SourceMemberLocation,
                TargetMemberLocation = pde.TargetMemberLocation,
                MemberDistance = pde.MemberDistance,
                TeamID = pde.TeamID,
                TeamName = t.Name,
                SourceMemberName =
                    $"{sourceMember.FirstName} {sourceMember.LastName}",
                TargetMemberName =
                    $"{targetMember.FirstName} {targetMember.LastName}"
            };
```

```
            publisher.Publish(
                this.pubnubOptions.ProximityEventChannel,
                outEvent.toJson());
        };
    }

    public void Start() {
        subscriber.Subscribe();
    }
    public void Stop() {
        subscriber.Unsubscribe();
    }
}
}
```

在这个代码清单中,首先要注意的是从 DI 向构造函数注入的一连串依赖:

- 日志记录工具

- 实时事件发布器

- 事件订阅器(基于队列)

- 团队服务客户端

- PubNub 选项

日志记录工具的含义不言自明。实时事件发布器是一个实现 IRealtimePublisher 接口的类,它支持向指定通道发布字符串消息(通道名称也是字符串形式)。我们将把 ProximityDetectedRealtimeEvent 事件序列化为 JSON 格式并发布到通道中。

事件订阅器侦听队列(RabbitMQ),等待 ProximityDetectedEvent 类型事件的到达。当我们的事件处理器被启动和停止时,我们也对应地控制事件订阅器的订阅与取消状态。

团队服务客户端用于从团队服务查询团队与成员的详细信息。这些详细信息将用于为实时事件的团队成员的属性(如姓名)提供数据。

最后的 PubNub 选项则包含将用于发布消息的通道名称等信息。尽管通道的说法来自具体的 PubNub 实现,不过大部分云消息服务在消息发布过程中都有类似于通道的概念,因此如果要换用其他消息服务,这一设计仍然是相对安全的。

1. 创建实时事件发布器实现类

未来一个很好的重构思路是创建一个小型类负责从收到的每个 ProximityDetectedEvent 事件创建对应的 ProximityDetectedRealtimeEvent 实例。它不仅具有防腐层功能,还包含补充团队成员的姓名和其他用户友好的信息。从纯函数的角度看,这部分代码并不属于上层事件处理器逻辑,而应该交给某种支持性工具完成,并支持单独的测试。

继续回到上层事件处理器，我们来观察代码清单11-2所示的 IRealtimePublisher 接口的实现，它负责具体调用 PubNub API。

代码清单 11-2　PubnubRealtimePublisher.cs

```
using Microsoft.Extensions.Logging;
using PubnubApi;

namespace StatlerWaldorfCorp.ProximityMonitor.Realtime
{
public class PubnubRealtimePublisher : IRealtimePublisher
{
    private ILogger logger;

    private Pubnub pubnubClient;

    public PubnubRealtimePublisher(
        ILogger<PubnubRealtimePublisher> logger,
        Pubnub pubnubClient)
    {
        logger.LogInformation(
            "Realtime Publisher (Pubnub) Created.");
        this.logger = logger;
        this.pubnubClient = pubnubClient;
    }

    public void Validate() {
        pubnubClient.Time()
            .Async(new PNTimeResultExt(
            (result, status) => {
              if (status.Error) {
                logger.LogError(
                  $"Unable to connect to Pubnub {status.ErrorData.
                  Information}");
                throw status.ErrorData.Throwable;
              } else {
                logger.LogInformation("Pubnub connection established.");
              }
            }
            ));
    }

    public void Publish(string channelName, string message) {
        pubnubClient.Publish()
            .Channel(channelName)
            .Message(message)
            .Async(new PNPublishResultExt(
            (result, status) => {
              if (status.Error) {
                  logger.LogError(
                  $"Failed to publish on channel {channelName}:{status.
                  ErrorData.Information}");
              } else {
                  logger.LogInformation(
                      $"Published message on channel {channelName}, {status.
```

```
                    AffectedChannels.Count} affected channels, code:
                    {status.StatusCode}");
                }
            }
        ));
        }
    }
}
```

这部分代码相当直观。它只是基于PubNub SDK 的一个简单包装。PubNub 类来自
PubNub SDK，我编写了专门向 ASP.NET Core 注册工厂方法的扩展方法来装配其实例。

2. 注入实时通信类

代码清单11-3展示了在Startup类中配置 DI 来提供PubNub客户端和其他相关类的过程。

代码清单 11-3　Startup.cs

```
using Microsoft.AspNetCore.Builder;
using Microsoft.AspNetCore.Hosting;
using Microsoft.Extensions.Configuration;
using Microsoft.Extensions.DependencyInjection;
using Microsoft.Extensions.Logging;
using StatlerWaldorfCorp.ProximityMonitor.Queues;
using StatlerWaldorfCorp.ProximityMonitor.Realtime;
using RabbitMQ.Client.Events;
using StatlerWaldorfCorp.ProximityMonitor.Events;
using Microsoft.Extensions.Options;
using RabbitMQ.Client;
using StatlerWaldorfCorp.ProximityMonitor.TeamService;

namespace StatlerWaldorfCorp.ProximityMonitor
{
    public class Startup
    {
        public Startup(IHostingEnvironment env,
            ILoggerFactory loggerFactory)
        {
            loggerFactory.AddConsole();
            loggerFactory.AddDebug();

            var builder = new ConfigurationBuilder()
                .SetBasePath(env.ContentRootPath)
                .AddJsonFile("appsettings.json",
                    optional: false,
                    reloadOnChange: false)
                .AddEnvironmentVariables();

            Configuration = builder.Build();
        }

        public IConfigurationRoot Configuration { get; }
```

```
public void ConfigureServices(
    IServiceCollection services)
{
    services.AddMvc();
    services.AddOptions();

    services.Configure<QueueOptions>(
        Configuration.GetSection("QueueOptions"));
    services.Configure<PubnubOptions>(
        Configuration.GetSection("PubnubOptions"));
    services.Configure<TeamServiceOptions>(
        Configuration.GetSection("teamservice"));
    services.Configure<AMQPOptions>(
        Configuration.GetSection("amqp"));

    services.AddTransient(typeof(IConnectionFactory),
        typeof(AMQPConnectionFactory));
    services.AddTransient(typeof(EventingBasicConsumer),
        typeof(RabbitMQEventingConsumer));
    services.AddSingleton(typeof(IEventSubscriber),
        typeof(RabbitMQEventSubscriber));
    services.AddSingleton(typeof(IEventProcessor),
        typeof(ProximityDetectedEventProcessor));
    services.AddTransient(typeof(ITeamServiceClient),
        typeof(HttpTeamServiceClient));

    services.AddRealtimeService();
    services.AddSingleton(typeof(IRealtimePublisher),
        typeof(PubnubRealtimePublisher));
}

public void Configure(IApplicationBuilder app,
    IHostingEnvironment env,
    ILoggerFactory loggerFactory,
    IEventProcessor eventProcessor,
    IOptions<PubnubOptions> pubnubOptions,
    IRealtimePublisher realtimePublisher)
{
    realtimePublisher.Validate();
    realtimePublisher.Publish(
    pubnubOptions.Value.StartupChannel,
        "{'hello': 'world'}");
    eventProcessor.Start();
    app.UseMvc();
}
```

AddRealtimeService 是 我 创 建 的 静 态 扩 展 方 法，它 用 于 简 化 向 DI 中 注 入 IRealtimePublisher 实现的过程。

到目前为止，本书对 ASP.NET Core 的依赖注入系统只用过一些最简单的基本功能。在这里，我们尝试为类(如 PubnubRealtimePublisher)提供预先创建好的 PubNub API 实例。

为整洁地实现这一功能，并继续以注入方式获取配置信息，包括 API 密钥，我们需要向 DI 中注册一个工厂。工厂类的职责是向外提供装配完成的 PubNub 实例。

代码清单 11-4 所示为这个相对简单的工厂类的实现。

代码清单 11-4　PubnubFactory.cs

```
using Microsoft.Extensions.Options;
using PubnubApi;
using Microsoft.Extensions.Logging;

namespace StatlerWaldorfCorp.ProximityMonitor.Realtime
{
    public class PubnubFactory
    {
        private PNConfiguration pnConfiguration;

        private ILogger logger;

        public PubnubFactory(IOptions<PubnubOptions> pubnubOptions,
            ILogger<PubnubFactory> logger)
        {
            this.logger = logger;

            pnConfiguration = new PNConfiguration(); pnConfiguration.PublishKey =
                pubnubOptions.Value.PublishKey;
            pnConfiguration.SubscribeKey =
                pubnubOptions.Value.SubscribeKey;
            pnConfiguration.Secure = false;
        }

        public Pubnub CreateInstance() {
            return new Pubnub(pnConfiguration);
        }
    }
}
```

工厂类使用给定的 PubNub 选项(存储于 appsettings.json 文件，可由环境变量覆盖)，创建新的 PubNub 实例。上面真正有趣、能方便运用到日常开发项目的代码是将工厂注册到 DI 时使用的扩展方法机制，如代码清单 11-5 所示。

代码清单 11-5　RealtimeServiceCollectionExtensions.cs

```
using System;
using Microsoft.Extensions.DependencyInjection;
using PubnubApi;

namespace StatlerWaldorfCorp.ProximityMonitor.Realtime
{
    public static class RealtimeServiceCollectionExtensions
    {
        public static IServiceCollection AddRealtimeService(
            this IServiceCollection services)
```

```
        {
            services.AddTransient<PubnubFactory>();

            return AddInternal(services,
                p => p.GetRequiredService<PubnubFactory>(),
                ServiceLifetime.Singleton);
        }

        private static IServiceCollection AddInternal(
            this IServiceCollection collection,
            Func<IServiceProvider, PubnubFactory> factoryProvider,
            ServiceLifetime lifetime)
        {
            Func<IServiceProvider, object> factoryFunc = provider => {
                var factory = factoryProvider(provider);
                return factory.CreateInstance();
            };

            var descriptor = new ServiceDescriptor(
                typeof(Pubnub),
                factoryFunc, lifetime);
            collection.Add(descriptor);
            return collection;
        }
    }
}
```

与由 DI 系统支撑的框架打交道时有一条准则,即尝试检视类所依赖的其他资源。如果某个需要的资源无法注入,就为它创建条件(有时是一个包装类)让它注入,然后继续检视其他资源。这一过程通常会生成几个小型包装类,不过同时能得到一个整洁、易于维护的注入体系。

上面的代码最关键的功能是创建了一个 lambda 函数,接收 IServiceProvider 作为输入,并返回一个对象作为输出。它正是我们注册工厂时向服务描述对象中传入的工厂方法。

之后,只要任何对象需要 Pubnub 实例,就会由我们在这一行提供的工厂方法提供值:

```
var descriptor = new ServiceDescriptor(
    typeof(PubNub),
    factoryFunc, lifetime);
```

按照描述信息的指示,当有 PubNub 实例的需求来临时,将通过调用 factoryFunc 变量指向的工厂方法得到满足,同时指定对象的生命周期。

3. 汇总所有设计

要立即查看效果,从而确保一切工作正常,我们可模拟由第 6 章的服务输出的信息,只需要手动向 proximitydetected 队列中放入表示 ProximityDetectedEvent 对象的 JSON 字符串,下面是RabbitMQ控制台截图(图11-1)。

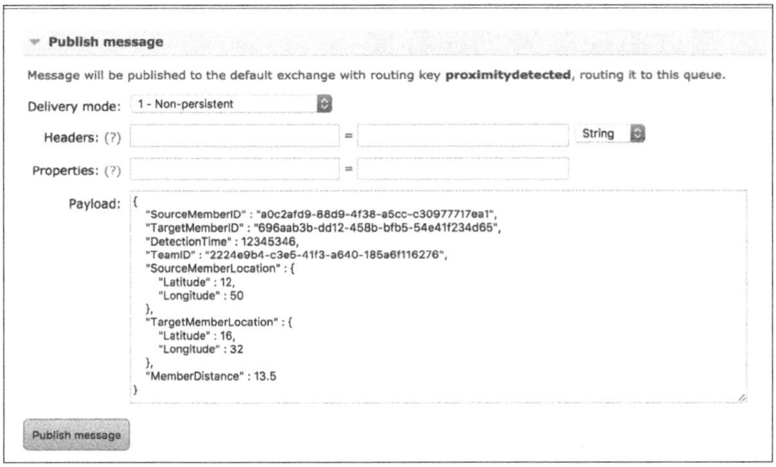

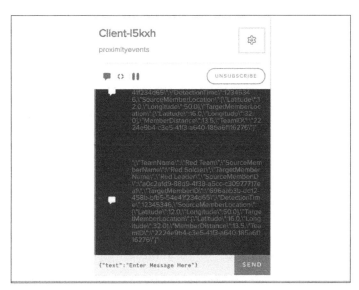

图 11-1 手动提交"已检测的接近事件"

在这个过程中,如果我们的接近监控服务处于运行之中、订阅了队列,而且团队服务处于运行之中、拥有正确的数据(GitHub库里有一些示例脚本,其中展示了如何向团队服务注入测试数据),那么接近监控服务将取出事件、补充必要的数据,并通过 PubNub 发送一个实时事件。

利用 PubNub 调试控制台,我们可以立即看到这一处理过程生成的输出(图11-2)。

图 11-2 PubNub 调试控制台的通道视图

你也可从GitHub仓库复制并修改其中的脚本文件来向团队服务填充示例数据,其中还包含一个测试用的接近事件,因而不需要运行第6章的代码就可以自行体验这一过程。

11.4.2　为实时接近监控服务创建界面

使用微服务取出接近事件、为其补充信息后发往实时消息系统的进展不错,但目前这一实时消息系统却没有为我们带来任何实际效果。

前面曾提到,我们利用实时消息在地图界面上移动位置图钉,也可以动态地更新图表,或者直接在 Web 页面上显示高亮提醒和弹出通知。根据消息提供服务商的不同,我们还可自动将这些消息转换为推送通知,直接发往团队成员的移动设备。

为简化工作,同时掩盖我缺乏艺术细胞的真相,我将使用一个不包含图形元素的简单HTML 页面,它不需要托管在专门的 Web 服务器上。

关于使用 JavaScript 与 PubNub 消息和通道交互的完整细节,请参考 JavaScript SDK 文档。

代码清单11-6所示就是这个简单示例,它实时地侦听接近事件,并将携带的信息动态添加到新的div元素中。

代码清单 11-6　realtimetest.html

```html
<html>
<head>
<title>RT page sample</title>
<script src="https://cdn.pubnub.com/sdk/javascript/pubnub.4.4.0.js"></
script> <script>
var pubnub = new PubNub({
    subscribeKey: "yoursubkey",
    publishKey: "yourprivatekey",
    ssl: true
});

pubnub.addListener({
    message: function(m) {
        // handle message
        var channelName = m.channel;
        var channelGroup = m.subscription;
        var pubTT = m.timetoken;
        var msg = JSON.parse(m.message);
        console.log("New Message!!", msg);
        var newDiv = document.createElement('div');
        var newStr = "** (" + msg.TeamName + ") " +
            msg.SourceMemberName + " moved within " +
            msg.MemberDistance + "km of " + msg.TargetMemberName;
        newDiv.innerHTML = newStr;
        var oldDiv = document.getElementById('chatLog');
        oldDiv.appendChild(newDiv)
```

```
        },
        presence: function(p) {
            // handle presence
        },
        status: function(s) {
            // handle status
        }
    });
    console.log("Subscribing..");
    pubnub.subscribe({
        channels: ['proximityevents']
    });
</script>
</head>
<body>
<h1>Proximity Monitor</h1>
<p>Proximity Events listed below.</p>

<div id="chatLog">
</div>
</body>
</html>
```

这里有一个id为chatLog的div元素。每次从PubNub的proximityevents通道收到消息时，就创建新的div并添加为chatLog的子元素。新的div将包含团队的名称，以及来源和目标成员的名称，如图11-3所示。

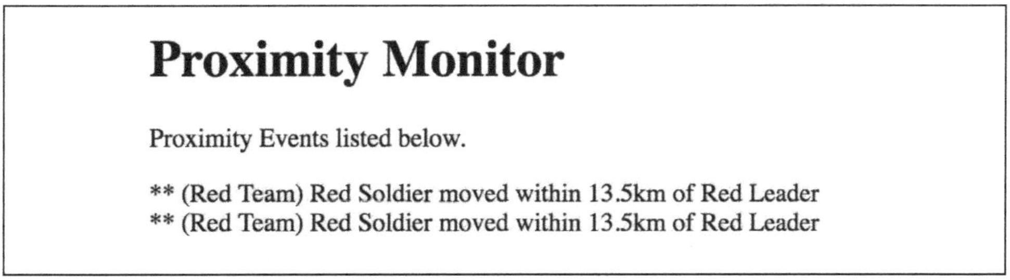

Proximity Monitor

Proximity Events listed below.

** (Red Team) Red Soldier moved within 13.5km of Red Leader
** (Red Team) Red Soldier moved within 13.5km of Red Leader

图11-3 通过 JavaScript 实时接收消息

值得指出的是，这个文件并不需要托管在服务器上；在任何浏览器中打开，其中的 JavaScript 都可以运行。如果查阅 PubNub 的其他 SDK(包括移动版)，就会发现让浏览器、移动设备和使用其他集成方式的终端用户与后端服务实现实时通信十分简单。同时，这样的方法并非仅适用于 PubNub；大多数云消息服务(包括 Amazon、Azure 和 Google)都提供易用的 SDK、丰富的文档和完整的优秀示例。

11.5 本章小结

本章，我们补充诠释了"实时"的定义——它是什么，以及不是什么。还回顾了曾在第 6

章介绍的基于队列和即时订阅机制实现的近乎实时的编程过程。

本章展示了如何基于学到的知识把第三方云消息服务无缝集成到自己的项目中。利用云消息服务，我们能够实时地动态更新 Web 和桌面界面，同时与运行于弱连接设备上的移动应用保持完整的交互。

在具有高度可伸缩性、分布式和最终一致性的系统中，实时消息系统通常是让各独立组件协同工作的胶水。

甚至还有一些消息服务商专门为物联网提供服务，因而你可以使用本章介绍的模式将 ASP.NET Core 后端和机器人战队（也可以是智能冰箱等设备）集成起来。

就我个人而言，我想试试机器人战队。

第12章

设计汇总

本书以介绍使用微软新的跨平台开发框架 .NET Core 开发一个控制台应用（"Hello World!"）开篇。以此为基础，通过向其添加包引用和方法调用，我们逐步将这个控制台应用变成一个功能完备的 Web 服务器程序，在其中托管能够完整支持模型-视图-控制器 (Model-View-Controller, MVC) 模式的 RESTful 端点。

我无意弱化语法学习和编码技巧的重要性，但有一个很重要的理念在于：代码并不足以解决所有问题。

微服务开发并不是要学习 C#、Java 或者 Go 编程——而是要学习如何开发应用以适应并充分利用弹性伸缩环境的优势，它们对托管环境没有偏好，并能瞬间启停。换句话说，我们要学习如何开发云原生应用。

我们在章与章之间推进学习的过程中，搁置了一些重要话题的讨论。现在，我们已经完成了细节的学习，我想在本章回顾一些模式，讨论几个此前有所保留的领域，甚至还涉及一些哲学性思考，它们常在开发团队中引发广泛的争论。

12.1　识别并解决反模式

每位作者都需要做好一道选择题：是使用来自实际生活的示例，还是使用足够精简的示例以满足小到一本书、一个篇章能够承载的程度。

这也是在各种书中有那么多"Hello World"示例的原因所在：如果不使用"Hello World"，仅介绍示例项目就要占用 30 页的篇幅，代码清单还要再占用 1000 页。因此为了让读者的注意力每次只专注于解决一个问题,就必须做出一定的平衡、接受一些妥协。

在本书中,为了维持这种平衡,我们也做出了一些妥协。不过,我们既然已经学习了所有的示例代码,就正好可以着手开发、运行并完善它们。此时,我想再来回顾其中一些思路和哲理,以便为决策过程提供更充分的信息。

清理团队监控服务的示例

回顾本书前面的几个章节会记得,我们一直在开发一个由多个微服务构成的大型应用。

在这一示例中,我们从一个管理团队及团队成员的简单服务开始。后来扩展了服务的定义,向它添加了用于跟踪位置的后端服务。接着在第 6 章,开发了一个如图 12-1 所示的解决方案。

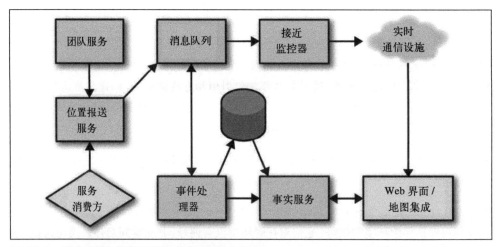

图12-1 基于反模式实现的团队监控解决方案

情况现在复杂了起来,先由移动应用将团队成员的 GPS 坐标信息提交给位置报送服务。在这里,命令被转换为事件,其中包含来自团队服务的补充数据。接着这一信息流经整个系统,最终产生关于接近事件(有团队成员到达对方附近)的通知并发送到用户直接接触的某种界面,例如 Web 页面或移动设备。

第一眼看上去,方案堪称完美,足以演示我们想要展示的代码。但定睛一看,就会发现事件处理器和事实服务使用的其实是同一个数据存储。在我们的示例里,它是一个 Redis 缓存。

在架构设计的讨论中,微服务常被提及的准则之一是"不应该把数据库作为集成层的实现方式"。它是资源不共用原则的一条推论。人们常提起这一准则,却很少花时间讨论它何以成为准则。

将数据库作为集成层的一个常见副作用在于：最终将有两个或更多服务依赖共同的数据库结构与方案才能正常工作。这意味着，我们将不能独立对基础数据存储进行变更，而这些服务的发布节奏最终将相互绑定在一起，而不能按照期望的方式独立地发布。

虽然在 Redis 上问题可能并不明显，但多个服务对同一份数据进行读写时常常会由于锁，甚至更糟糕的数据损坏等因素导致性能问题。

当然，关于这一话题，有着大量不同的见解。因此，你完全可以自行决定这种共享是否可行。对于像我这样的微服务纯粹论者来说，我认为应该避免任何会导致两个服务之间紧耦合的架构，包括数据存储的共享（它将导致在具体持久化模式上的紧耦合）。

为修正这一问题，可使用如图 12-2 所示的思路重新设计架构。

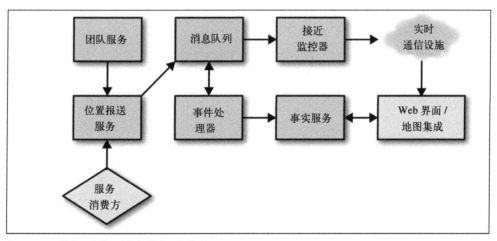

图 12-2　修正后的团队监控解决方案

在新的设计中，事件处理器和事实服务并不使用相同的数据存储。在旧的设计中，事件处理器直接将位置数据写入"事实缓存"中（即 Redis 服务）。而在新的设计中，事件处理器调用事实服务，让它完成写入当前位置的工作。

在新的架构中，事实服务拥有事实缓存数据的唯一所有权。这让服务得以随时按需变更其存储机制和模式，同时让事实服务和事件处理器两者都保持独立的发布节奏，只要其公开的 API 能够遵循语义化版本的最佳实践。

另一项优化是让事实服务维护其自有专用数据的同时，还维护一份外部缓存。为外部缓存制定公开的规范，从而让它可被视为一种公开 API（例如，不兼容的变更将使下游系统受到影响）。图 12-3 所示即为这一设计方案。

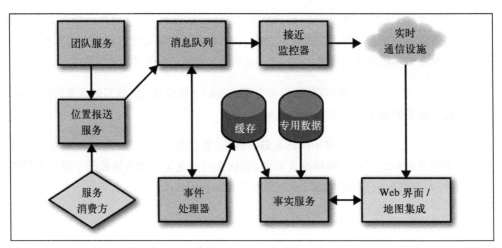

图 12-3　将缓存视为版本化的公开 API

这一优化可能并不迫切,不过它确实是可以作为将数据存储用作服务之间的集成层的替代方案。只要共用的缓存不会迫使不同的开发团队的发布节奏相互绑定,或者导致发布时的相互依赖,那么借助缓存提供一部分功能,或将其作为一项优化措施就总是可取的。

12.2　继续辩论组合式微服务

在讨论组合式服务的优缺点前,我们应该先对它进行定义。组合式服务是依赖另一个服务的调用才能完成功能的服务。这种调用通常都是同步的,也就是需要阻塞原始调用,直到嵌套的一个或多个调用完成。

本书在讲解 ASP.NET Core 的各个方面时,多次用到这种模式。第一次出现是在早期版本的团队服务中,当调用方请求特定团队成员的详细信息时,团队服务需要调用位置服务。

接着,在讨论服务注册和发现时,我们再一次用到了它。在第 8 章,我们开发了一个如图 12-4 所示的数据流。

这种情况下,请求产品详情的客户端,在目录服务发起向库存服务的同步调用以获取特定项的库存状态期间,只能等待。

这里的情形相对简单,不过我们可以想象一下当这一做法在整个企业范围里大量运用的情况。假设库存服务上线几个月后做了修改,现在它需要依赖一个新服务。这个新服务后来也由于膨胀而被拆分。最初的开发产品服务的团队可能对于他们原本向库存服务发起的一个看似无害的同步调用已变成长达六个同步调用的链这一情况浑然不知。此时,产品服务的平均响应时间可能已经从几百毫秒变成超过一整秒。

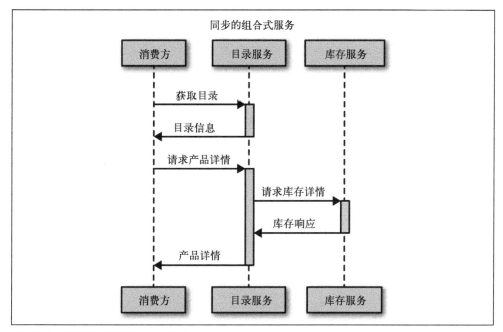

图 12-4　运用同步的组合式服务

更糟糕的是，在上述假定的情景中，产品服务的出错概率也会飙升。在过去，它从不出错，而现在开始有客户报告超时和莫名其妙的服务端错误。这是因为在嵌套的同步调用栈上的某个位置发生了失败，而下层的失败则会产生最终返回给客户端的层叠效应。

有些人认为，按照纯粹的微服务设计，真正的微服务绝不能以同步方式调用另一个服务。虽然我并不认为这一规则每次都适用于所有情况，但我们确实应该真切地认识到向外部服务发起同步调用所带来的风险。

12.2.1　使用断路器缓解风险

处理嵌套式同步调用的一种潜在方法是寻求一种后备机制，一种当调用链上任何位置出现失败时的统一处理方法。当后端服务出现失败时，为防止请求崩溃或者无限期等待而提供一种后备处理的做法通常称为实现了"断路器"模式。

关于断路器的完整论述和常见的实现方法可用一整本书来讲解。微软发布了一篇正式的科普性文章，还可以通过 Martin Fowler 的博客文章进一步了解有关这一模式的原始动机和理念。Martin Fowler 还提到，断路器模式最开始是从 Michael Nygard 的 Release It 一书开始流行起来的。

在调用其他服务时，调用可能会失败。调用失败的原因不胜枚举。可能由于服务返回的数据与预期不符,导致我们的进程崩溃。服务可能没有在指定时间内响应,从而导致调用方被阻塞。我们发出的请求可能由于网络原因出现各种状况,导致它无法被处理。

与放任失败持续出现并导致难以估计的损失相比,现在当失败情况超过某一阈值时,断路器将会跳闸。一旦跳闸,就不会继续尝试与中断的服务通信,而将直接返回特定的后备值。

就像在居民房屋中,一旦电路由于任何原因出错(短暂的过载等),断路器就会跳闸,电源便不再供应给出错的电路,以防止可能发生的损害。

图 12-5 中的序列图显示了当电路跳闸后,目录服务和库存服务之间的同步处理流。

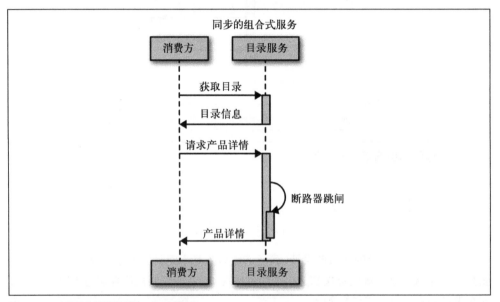

图 12-5 配备断路器的组合式服务

在这种情况下,我们不再尝试调用库存服务。相对于在产品详情里实时返回库存数据,我们可以直接返回 N/A 作为库存信息,或用其他元信息指代失败。

如果不使用断路器,库存服务的失败将直接导致目录服务不可用,尽管目录服务本身实际上正常工作。回顾第 6 章提到的拥抱最终一致性的目标,基于可能跳闸的断路器开发的系统将最终会回到正常状态,因而不必担心。

就像 Martin Fowler 在伪代码中展示的那样,我们通常将断路器配置为调用后端服务所用的客户端周围的一种包装器。断路器的状态(打开/中断、关闭/通畅)以及触发电路跳闸的条件等元信息都被维护在包装之内。Martin Fowler 代码中的 state 变量展示的就是具体实现:

```
def state
    (@failure_count >= @failure_threshold) ? :open : :closed
end
```

与微服务开发过程中我们遇到过的其他很多问题一样，Netflix OSS 也为断路器提供了一个实现。具体的产品名为 Hystrix。Netflix 的 GitHub wiki 页面对 Hystrix 产品做了简要介绍。

Netflix 只提供了 Java 实现，不过如果你确实需要断路器，可供选型的 .NET 类库也很丰富，其中之一的 Polly 就值得关注。Polly 为声明尝试、超时、断路等策略提供了一种非常优雅的流畅语法(fluent syntax)。

下面是从 Polly 的文档中截取的一段声明式断路器定义语法：

```
Policy
    .Handle<DivideByZeroException>()
    .CircuitBreaker(2, TimeSpan.FromMinutes(1));
Action<Exception, TimeSpan> onBreak = (exception, timespan) =>
    { ... };
Action onReset = () => { ... };
CircuitBreakerPolicy breaker = Policy
    .Handle<DivideByZeroException>()
    .CircuitBreaker(2, TimeSpan.FromMinutes(1), onBreak, onReset);
```

如果 Polly 看起来量级较重、职责太多，在 GitHub 上还有一些其他的轻量级替代选择，快速搜索 C# circuit breaker 就可以找到。

在这里，我要给出的建议是，最好把时间花在考虑你是否需要断路器上，而不是选择具体的方案上。断路器本身也会带来额外的复杂度和维护成本，而且通常会增加设计中嵌套的同步调用次数，因为引入它们后会麻痹开发人员和架构师，让他们产生一种安全的假象。

12.2.2　消除同步的组合模式

关于断路器和组合式服务最重要的决定并非是如何实现它们，而在于是否确实需要它们。显然，就像我们并非永远都处于一片乐土之中，我们也不可能总能得到理想中的微服务架构。不过，只要稍微花点时间，对问题和潜在的解决方案加以分析，找到排除常见障碍的思路，就可能避免服务组合。

我们来考察之前用过的目录服务和库存服务的例子。我们是否确实一直都需要掌握所有产品确切、实时的库存状态？如果把数据更新的频率考虑在内，就会意识到这些服务可能并不需要像之前那样实现了。

如果库存服务在产品的状态发生明显变更时每次都能将状态更新到一个缓存中，情况会怎样？这时，目录服务不需要同步地调用库存服务；它可以直接使用产品 ID 作为键从缓存查询。如果缓存没有数据，可再次尝试调用库存服务。如果库存服务临时不可用，那么最坏的情况是目录服务返回了已知的、上次的库存状态。库存服务恢复后，就会将缓存更新为正确状态。

有了这种模式，我们就不需要实现重试之类的逻辑，也不需要引入幂等回退轮询机制或者重量级断路器框架。相反，我们利用这样一个事实，即在这种情况下，可以通过更简单的异步方案来满足消费方的期望。

情况并非总是如此，还要随时考虑潜在的复杂性成本。这里的故事给我们的启示是，我们应该始终保持对复杂性的质疑。每当一种方法看起来比较复杂，或者似乎要向架构添加新的脆弱点和可能致使严重失败的情况，就需要重新审视驱使你走向这一设计的需求，并考虑是否存在某种更简单、耦合性更小的方法同样能够解决问题。

12.3　接下来，还要做什么？

首先，也是最重要的一点就是"质疑一切"。本书的每一条建议和每一行代码都需要经过验证。请着手编写自己的服务，开发一些卓越的应用，并进一步深化在本书中学到的知识。如果本书的代码清单需要完善，请向 GitHub 仓库提交 Pull Request。如果发现了 .NET Core 本身的问题，也可以提交 Pull Request。现在，所有人都可以参与贡献。

本书只是一个起点。希望它能为你提供灵感，为你基于 C# 和 .NET Core 开发强大的、具有弹性伸缩能力和跨平台的微服务提供足够的技术支撑。

如果基于 .NET Core 开发了令人兴奋的作品，请记得分享。写博客、写书，或者去论坛和大会上呈现给观众，介绍在 macOS 上用 C# 开发微服务的奇妙体验，或者发表一篇讨论 .NET Core 如何让你大失所望，而你又如何取长补短取得满意结果的深度点评。

.NET Core 真的还只是 1.0 版的新产品，因此远不够完善。它需要更多的宣传和监督，以及更多人士在生产环境运用它、为完善和巩固它出谋划策、让它成为开发云原生微服务更具优势的平台。